野山の食堂

子どもの採集生活

斎藤たま

論創社

はしがき

子どもたちは自然の中でいろんなものを食べた。草の芽を、茎を、花を、根を、果実を、秋の木の実を。これらの食べ物には、よくいわれるように、常の生活には得られない、心を楽しませる菓子としての位置が与えられていたというのは確かなことである。しかしわれわれは、一方、それが子どものひもじさからの要求であったということも忘れるわけにはいかない。「うまくもないが、腹ふくらますにゃいいかんね」という人々の言葉を聞き捨てにすることはできないのである。

子どもたちは、昔から餓鬼などともいわれたように、いつも腹を空かしているものである。成長していく過程でそれが要求されたのであるが、その子どもたちに与えられるオヤツというのは以前はすこぶる粗末なものであった。

農家でなら、それには、味噌をまぶしたおにぎりなどがオヤツになるのであるが、これがあるのはまだ良かった。このようなもののないところでは、漬け菜がオヤツとなることもあった。

空腹は、遊ぶだけでなく、子守などの労働をしている子どもたちには、もっとこたえたであろう。一人のおばあさんのいうよう、隣りにもちょうど同じ年頃の子守があり、二人でいつも連れになっていたが、腹が空いてどうにもたまらなくなると、交替にそっと一握りずつ米を持ち出し、山陰で石を組み、缶を用意して煮て食べたりしたと。空缶で芋を茹でて食べることなどもほうぼうでよくやる。五島や長島では浜に出て、やっぱり空缶でカイモ（さつま芋）を煮て食べた。これらには遊びも加わっていたろうが、根底にあるのはひもじさである。

子どもたちは、つねに充たされていなかったといってもいいかも知れない。まわりに食べられるものがあったら、それを口に入れるだけの用意は常にできていたのである。それが渋いものでも、まったく味のないものでも、大して問題ではなかったろう。彼らには食べられるというだけで充分であった。

以前は、今、子どもたちの食べる多くのものは一般の食料として扱われていた。その後、大人たちは栽培によってそれに代るものが得られるようになると、暗黙の奪い合いと大きな苦労の伴う採集生活は早々に切り上げることになるが、子どもたちだけはこれを捨てなかった。そして、その捨てられなかった理由は、子どもたちの飢えからの要求であったと考えられるのである。

前にものべたように、これらのものに菓子としての興味も、これを採集することさえもすでに遊びの中に入っていたことは否めない。しかし、充分に満たされた中で、単に慰めのためとしてだけでは、これらが今まで続いて来ることはなかったのである。それは、現代の豊富な世の中と、自然のものなどほとんど食べることを知らなくなった子どもたちのことを考えてみてもよいであろう。

また、これはこのようにも言うことができよう。もしふたたびすべてが以前にあったと同じ状態になることがあるとすれば、子どもたちは、また一番に自然の中に戻って行くであろう。前の戦争の折には、大人も、雑草を食べ、笹の実をとり、芋のつるから米ぬかまで食べるという、たちまち何百年かの昔に帰ったというように。

子どもたちの食への要求と、それを自然の物に求める態度とは、遠い昔の頃と大して変ってはいないのかも知れない。子どもの遊びには、以前の大人の真面目な行いであったものを受け継いでいるものが多いといわれているけれど、このことは、遊戯にだけではなく、「食」の領域においてもまた言えるようである。

春

夏

秋

冬

春

しーこはこ ――スイバ

雪国の子どもが春の野に出て、いちばんはじめに口にするのはこのスイバである。すでに雪の下から準備を整えているのだろう。雪が消えて、草芽も地も溺れたようになっているのが乾いてくると、たちまち赤っぽい緑の細長い葉を伸ばしてくる。この幼い葉を五枚、六枚と集めて来て塩とともにもんで食べる。塩がこぼれては具合が悪いので、まだ小さいうちの葉なら掌に三、四枚ずらせて並べ、その真中に一つまみの塩をのせてきちんと左右から包みこみ、それから揉むのである。泡含みの青黒い汁が流れ出したら食べるので、生のままではとんがったような粗い酸味がひなびた味に変る。

だが葉を食べるのは、トウが伸び出して来るまでの継ぎなのだった。やはり赤みを帯びた、縦に浅い溝のはしったトウが茂った株の中から出てくると、子どもはもう葉など見向きもしない。トウの方は葉にある鋭さはなく、少しの甘みが伴い、それになによりも水気が多いのが心地よい。だから揉む必要はもうなかったのだが、それでも塩だけはつけて食べた。掌に握り出た塩に、一かじりごとに切口に塩をまぶす。

以前の親たちが塩を大事に扱うことは、一通りではなかった。工夫を重ねて自給自足に努力する中で、塩はどうしても買わねばならない品だったからでもあろう。大切にすることは徹底していて、塩気のあるものなら食器の洗い水も、漬物のすすぎ汁もかんたんに捨てるものではなかった。家畜にやったり畑にまいたりする。

だから塩を一掴み握って出るというのも、結構難儀《なんぎ》を伴うものだった。親の目を盗んで叺《かます》に入った白いものを一握り持ち出し、いざ食べようとしたら石灰だったという失敗談を聞いたのも二人、三人からばかりではない。その上、粗末にすると目が潰れるなどと常日頃、脅されているものだから、その扱いにだって神経を使う。

徳島県の神山町の子たちは、うっかりこぼした時はすかさず、こんな謝りをものにした。

親の目も　子の目も
つぶれん　よーに

このような時、塩の入れ物があった

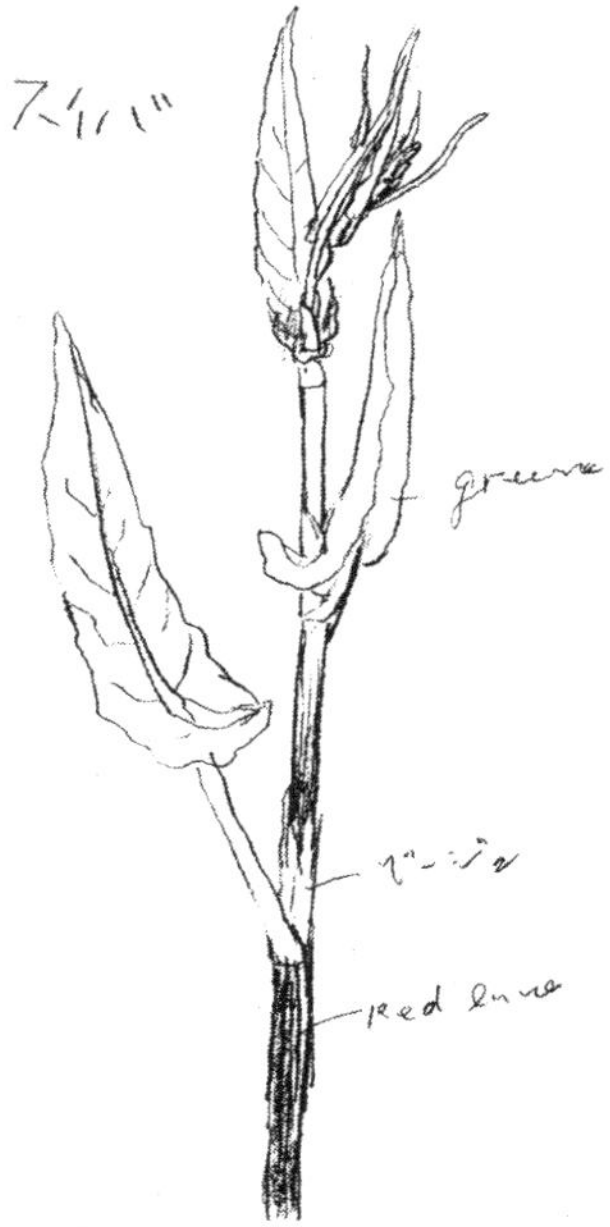

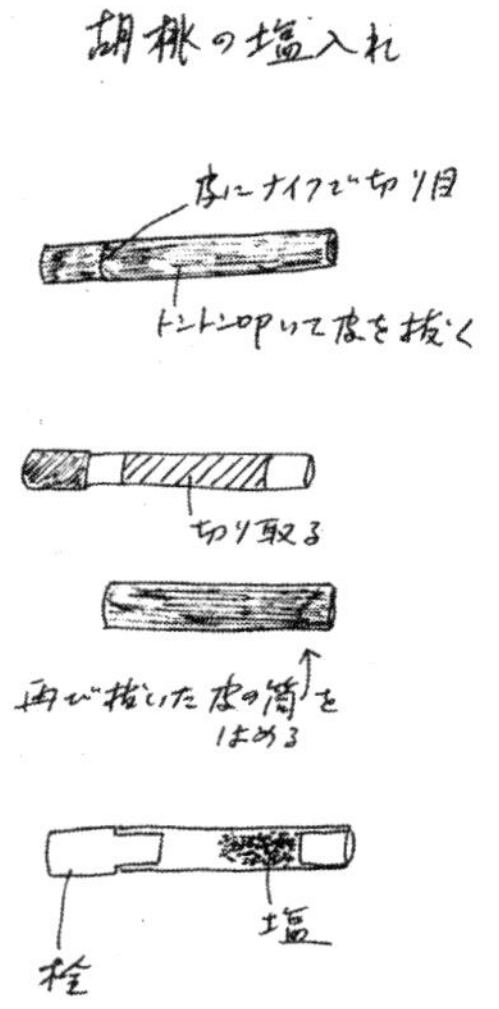

らどんなに便利だったろう。福島県会津地方の子どもたちは、専用の塩入れを作った。クルミの若枝が材料、太さ・長さは好みだが、大体直径二、三センチに一五センチ丈ぐらい。煙管入れのような格好になるもので、ふたと分かれる部分にナイフで切り目を入れ、本体となる方の全体を軽く叩いて皮を引きぬく。その後、中が筒状になるように底を作り、ふたをはめると、元の一本のままの枝状となり、出来上がる。このふたをとる時は、やはり煙管《きせる》を抜く時みたいに「すぽん」といい音がした。帯にはさんだり、懐に入れたりして、これをスポン、スポンと音させてふたをとり、筒中にスイバの茎をさし込んで塩をつける。その得意さかげん知れようというものだが、その上、クルミの皮の色が移って、中の塩が桃色に染まるのだという。

岩手の玉山村城内でもクルミの若枝で作ることは同じであったが、県南の湯田町湯本ではマダノキ（シナノキ）の枝で作るといっていた。作り方はまったく同じで、これも中の塩が赤みがかるそうだ。秋田の北秋田郡比内町《ひないまち》板戸では、朴《ほお》の木の枝を材料とし、こちらは塩の色は変らない。前に紹介した、「親の目も子の目もつぶれないように」を唱えた徳島県神山町では桜の枝を使ったというから、いっそう美しい容器になったろう。直径三、四センチ、一〇センチ丈《たけ》位に切り、棒などでこすって身を抜く。ふたを抜く時の音はこちらでも「スッポン」で、それでこの可愛い塩入れの名前もスッポンである。

西や南の地方では、春はツバナが彼らの腹をふくらます主力となった。ツバナの少ない北ではその位置をスイバがつとめたようである。新潟県と長野県との境、俗に秋山郷といわれる、深い渓谷に沿った村筋を歩いたのは昭和四六年春であったが、一晩泊めてもらった小赤沢の福原さん宅で、中年の嫁さんが、春の遠足にもおやつにスイコ（スイバ）を持って行くものだったといった。前日に、いいところのものを取って来て葉をこいて茎だけにし、水に放しておく。それを翌日新聞紙に包み、塩も忘れずに持って行って、みちみちかじる、皆が皆揃ってこうだった。

福島のいちばん南端、茨城県に接する矢祭町栗生《やまつりまちくりゅう》で昭和一二年生れのツタ子さんたちも、この時期になるといつも学校に塩を持って行き、帰りにスカンポ（スイバ）を食べながら戻るものだった。岐阜の坂内村川上で、はるえさんたちの食べ方は一日しなびらかし、でんちこ（袖なし）のかくしに入れておいては食べた。

新潟の安塚町《やすづかまち》松崎や、長野市の山手、七《な》二《に》会《あい》の子たちが食べたのには、いささか遊びの要素が伴う。茎を右に折り、次いで左に折りというように皮は一継ぎのまま交互に折っていって一本を二本に分け、ざらりと垂らしたものを仰向いた口に受けて食べた。折りながらうたう。

そうめん　そば切り
食いた者《もん》な　ないか

そうめん　そば切り
うどんで
かっこめ　かっこめ

前のが新潟、後のが長野のうたである。もっぱら腹の足しにするのに飽きて、目先の変った御馳走に心を移しているのであろう。

スイバは酸っぱいところをいい立てている。一つことをいうにも、幾通りとなくことばはあるもので、スイコ、スイコキ、スイトウ、スイショ、スイモン、スイドン、スイジ、スイスイ、スイコンボ、スイスイゴンボ、スカスカ、スカナ、スカンショ、スカシ、スカンボ、スカンコ、スモカモ、スーノト、シート、シントウ、シントント、シシノハ、シイカンボ、シーコハコ、シーナハーカ

こんなスイバの酸っぱさには、誰もがみな閉口させられたかと思うとそうではない。なおすっぱくなれ、と注文した子たちもいた。津軽半島中里町では、ダイシコの葉を片手に持ち、上下の唇の間で何度もしごきながらうたった。

だいしこ　だいしこ
すっかく　なれ

昼の間でしごくのは、浅漬の心だろう。

北では土地柄、保存食である。山形の立川町《たちかわまち》でスカンコは、春葉を摘み、さっと茹《ゆ》でて干しておく、日本海側の遊佐町《ゆざまち》だと春先か、または秋の雪降る前にスカドリの葉だけを摘んで塩漬けにし、冬、塩出しして味噌汁の実や煮付けにする。こ酸かくておいしいという。

島根の柿木村や六日市町では、スイバのジントウの出んうち、さっと熱湯をくぐらせて浸しにし、またチモトコ（アサツキ）と味噌合えなどにする。ほうれん草のような感じだという。酒粕汁と味噌汁もいい、スイバ以外の具は入れないから葉を少し多目にして、そして最後に入れる、そうでないと「びしょけるけんね」。

津和野のスイバ汁、ワカナ（ハマチ）の頭とか青魚のアラなどを煮てだしの出たところで少し辛めに味噌味をつけ、スイバは包丁で切ると酸味が出るので手で千切って入れ、煮立ったら直ぐおろす。一二月から三月頃までの料理で、これは今でもする。ほろ酸い味があって、病人などが喜ぶという。

ちはらちんぼ　――ツバナ

つばな抜きよって　尻《つべ》ついて
お医者に行くのが　恥ずかしい
隣りのおばはんに　見てもらやー
大きな怪我では　ないわいな

（徳島県神山町上角）

志摩に近い、三重県磯部町穴川で一晩泊めていただいた曽我マサさんから、はじめてチハラチンボの話を聞いた。

田耕しなど、田仕事のさいにはうっかり土手には坐れない。チハラチンボが突くからである。チハラチンボはチガヤの芽で、針のようにかたくてとんがっているから、うっかり腰を下ろしたら跳び上がる。

昔は草履や裸足だったので足の裏つかれたことが何度もある。「畑になぞ入ったらしょんないもん」だそうである。

そういえば鹿児島の有明町ではこれをツバナグ（グは刺《とげ》のこと）と呼んだ。「足の裏つくのはありゃあツバナグぢゃ」といった。

大人はしぶい顔である。けれども子どもたちは大人の思惑はそっちのけ、むしろついてもらいたいとうたう。曽我さんたちのうたい歩いたもの、

ツバナ　つんつん
ついてくりょ

他の地方では、またこうもうたう。

つーきつんばな　つっつくつ
おらが前さ　出よよ
（茨城県青柳町）

つんつん　つばね
ひーとの目に　見えな
おーれの目に　ちょいとめ
（高知県香美郡野市町）

ずぼーな一本　はあ抜いた
ずぼーな二本《にい》　はあ抜いた
（広島県佐伯郡湯来町）

つんつんつばなを　摘みに行《い》て
たんたん狸に　化かされた
（淡路島五色町）

彼らのツバナ摘みは、なかなか熱がこもっているのである。平戸市紐差《ひもさし》で大石スギさんが聞かせたことだったが、昔は今のように白い穂がいっぱい見られるなどということはなかった。自分の家の土地のはそれぞれみんな抜いてしまったからと。広島県能美島《のうみじま》高田でも、ズボーナ（ツバナ）は三月頃、一本ものがさんようにして抜いて食べたと聞いたし、同じく大柿町大原でも、「子どもの行くとこたいてい抜いた」といっていた。滋賀県神崎郡永源寺町相谷《あいだに》（現・東近江市永源寺相谷）で寺田ヨシさんは、本腰入れて食べたさまを話して「ツンバラどっさり取って構えてなし、今はそれがおせんで」などといった。

それというのも、ツバナはたいへん上等な食い物だった。かたく包んだ皮をむいて、末は穂と出る柔らかく白いものを食べる。それが餅のようだというので、ツバナにモチの名をつけているところも多くある。

このように、見た目にも食べたところもそれと似ているなら、いっそのこと、搗《つ》いて丸めてほんとうの餅にしてしまおうというのが彼らだ。一本ばかりでなく、時には二本も三本も揃えてくるくるゼンマイのように巻き、掌においたのをもう一方の拳で搗いて「ツバナ餅」だといって食べる。

富山県入善町泊では、この時、

ねんずるかい餅《もつ》　ぺったんこ

といって搗いた。かい餅はそば掻《がき》のこと、ねじり掻餅《かいもち》というのであるらしい。上甑島《かみこしきじま》の江石《えいし》の子は、だご（団子）だといい掌で丸めながらにうたった。

ほうばん　団子《だご》　団子
何というて　たもれ
上の婆《んぼ》ーに　皿いっぺい
下の婆ーに　皿いっぺい
後のもんな　おいがもん
おいが腹　ぶーっとせ

ここでは、ホウバンがツバナの名なのである。
隠岐《おき》の「肘餅」というのもおかしい。こちらでツバナはシビと呼ぶのだが、掌にまとめたシビを拳ではなく、曲げた肘でとんとん搗《つ》いて唱える。

肘餅　もんだ　もんだ

何によらず、食べることに関しては彼らは貪欲であるけれど、ツバナにおいてはそれがいっそう熱を帯びて、あらかた食事の場合の主食にあてているような腰の入れようだ。食べる量も口ずさみていどではなかったらしい。一抱えも充分にとって来てから、さておもむろに食べにかかるのだった。

だが、ほんの出たちの幼い芽なら間違いがない。一〇センチ近くも伸び出たものは中を開けてみると、いささか赤色を帯びてたけてしまったものもある。これは「狐」と呼んで食べない。狐の名は、色が狐の毛皮と似たということもあろうが、それよりは、白から赤に化けたからであろう。また「蛇」ともいい、茨城県里美村でヤマガヅというのは、背の赤い蛇ヤマカガシのことだという。また老いた人たち、ジイ（山口市仁保《にほ》）、ジンジ、またはバンバ（五島宇久町《うくまち》）、オンジョ（鹿児島県）の名にしているところもある。それぞれ「蛇ツバナ」とか「おんじょツバナ」とかいうのだ。

ツバナ.

　岡山県英田郡西粟倉村や隣り合う兵庫県宍粟郡千種町《しそうぐんちくさちょう》では、白いのを「白めし」、赤くなっているのを「麦めし」、三重県の尾鷲市《おわせし》では「米のめし」に「麦めし」、「ここのは麦めしになっとる」などという。淡路島の津名町中田では「米か麦か」といって中身の当てさせっこもした。

　こうしてたけたものをふるい落し、あとは餅なと白めしなと仕立てて口に入れればいいだけだろうに、ここにもう一つ、なんとも不思議な儀式じみたものをやった。長く細いこれを、耳に巻いて食べるというのである。

つんばな　つんばな
耳《みーみ》に巻いて　すっぽんぽん
（三重県四日市市）

つんばら　つんばら
耳《みーみ》に巻いて　食うぞよ

これは滋賀県甲賀郡土山町のいいよう。同町鮎河の福元さんたちは、「たくさんみにして（中身だけにして）、それから一本ずつ耳に巻いて食べた」といった。兵庫県氷上郡山南町《ひかみぐんさんなんちょう》若林の油谷ヌイさんも「耳にくるくるっと巻いてから食べる。耳に巻かな食べおらしませなんだ」と語った。

どうしてこんな奇妙なことをするのだろう。彼らは、掌にゼンマイ状に巻いたものにも動くといって警戒した。少したけたツバナは不適格と、食べるかどうかの目安にした。耳に巻くのもその一つ、耳なりに巻かれていればまだ食われる芽と、老・若の決め手としたのではなかろうか。

じじつ伊豆の南伊豆町吉田や、妻良《めら》ではこううたった。

たけたつんばな
耳まいて　食いましょ

「ちーとたけたつんばなを食う時にする」のだと。伊豆の少し内陸部になる松崎町那賀では、「蛇つばな、かんつばな　耳にまいて　すここんこん」とうたうのだが、これを聞かせてくれたおばあさんは「こうして食べればあたったり、腹こわしたりしない」といった。

広島の能美島や江田島では耳に巻くのではなくて、鼻の上にのせるというのもおかしい。仰向いた顔の上に横やら縦にねかし、そのまま天を仰いでうたうのである。

鼻《はーな》の上の　ズボナ
だーれがとって　食べようか
わーしがとって　食べようよ
（熊野町）

しきりに「鼻の上のみみず」とか「白みみず」とかうたう。食いものにミミズも珍奇だが、これもそれのようにだらり意のままになるというのだろう。

ツバナの中身を抜いた後のからでは、スズメノテッポウと同じやり方で笛も出来た。岐阜の金山町でツバナをピーピーグサと呼ぶのはこのためである。愛知県稲武町《いなぶちょう》ではうたった。

つーばな食った　みー食った
つばなの皮で　笛ふいた

チガヤ根

兵庫県立川町の川辺で、チガヤの根をアマアマといった。愛媛の松山や伊予郡だと、アマチコと可愛らしい名前で呼ぶ。半透明の、白くて細くて節のあるチガヤの根を子どもたちは食べる。田圃の畔《あぜ》などのを掘り越して泥を手でこすったり、はたいたりして、決して洗ったりなぞはしないで、食べる。甘くて砂糖キビを噛るようだという。中部、中国地方や四国、九州などにあるアマネの名は穏当なところか、岡山の作東町でノブシの根のアマネは、麦まきに畑を起こしたとき拾って食べる。鹿児島の南部でカヤンネは一〇月頃食べた。

伊唐島《いからじま》で地の肥えたところのものは、小指位の太さのもある。畑を起した時など、大きな固まりにしてあるところから、太いのを選《よ》って大人も噛った。小川町では冬の草のない時分に馬んはん（餌）にした。松の材に鉤《かぎ》を取りつけたもので浜の砂地の根生えを掘り、棒で叩いて砂を落してから食わせる。勿論子どもも食べた。

「チガヤ掘りけいこうやー」

小豆飯《あずきまま》 ——ショウジョウバカマ

水のじくじく滲み出すようなところに、春真先に花を咲かす。新潟県栃尾市中野俣ではユキワリソウと呼ぶぐらい。岐阜県坂内村坂本のハルノハナというのも、あるがままで面白い。ホケチョ（ウグイス）の鳴く頃に咲くのでホケチョバナ（岐阜県美濃市片知、福島県西会津町安座）、ホケッキョバナ（茨城県大子町外大野）の名もある。

その頃は田作りもはじまることとて、岐阜の神岡町吉田ではターウチバナ、ゼンマイの出る頃にもあたるので、富山県朝日町泊ではゼンマイバナ、また、岐阜県徳山村ではこれが、レンゲ（櫨原、戸入）、ゲンゲ（戸入）だ。

福島の矢祭町栗生や塙町田代、丸ヶ草ではテンマルバナと呼び、格別てんまるにはしないというが、この花を沢山摘めば、茎の頂きに扇形に広がる花の房は、しぜんと珠の形をなして、手鞠を連想しないではいられないのである。新潟の松代町千年でキセルバナと名付けるのも、一本棒の先の花の固まりから。それより多く、松代町蓬平、松之山町小谷、新山、安塚町二本木、須川ではカゴバナと呼ぶ。夜漁に使う火とぼし用の籠をでもいうのだろうか。

長野の鬼無里村押出ではクレンヅチバナで、クレンヅチという、柄の長い細木の槌に見立てている。麻畑をうない起した後の土の固まりをこの槌で叩く。「くれはる時に使う」といい、「クレンヅチでくれはりする」という。

富山県砺波市別所を通った時、山道にかかる道そばの崖に、この花をみとめたので、野良仕事に向かう五〇代の婦人に名を尋ねたらキツネバナと答う。何故に狐だろうと、半分一人ごちてみたら、花色がはじめ赤いのに、後に白に変るからだろう、とのことだった。

花色の赤色のうちは殊に、オシベの黒点と相俟ってゴマ塩をふった小豆飯そのものだ。それで私の隣り村、今は同じ山辺町になっている北作ではアズキママと呼ぶ。新潟の十日町市椌木や長里ではコワメシバナである。同じく新潟の牧村高谷では、注目をオシベに集めてゴマバナである。山辺町大蕨で私たちはチョウセンバナと呼んだが、なんのいわれだったろう。この名は、新潟の六日町上原や松代町松代にもある。また、前の

椌木でも、コワメシバナという他にチョウセンバナと呼ぶこともあった。

今気がついたが、これはチャセン（茶筅）バナではなかったのか。そんな道具見たこともない私たちは、馴染ある〝朝鮮〟の方に名を傾《かし》がせたのだろう。

岐阜県蛭川村でミズバナと呼ぶのは、これの生える環境をいったのだろうけれど、また子どもは、タンポポの茎と同じように、切り口を裂いて外側に反らせたのを水車にしても遊ぶ。

鶯――アマナ

アマナは春が早い。宮崎の北郷村《きたごうそん》で「今花さしている」、「ハタゴはきれいな花さすで」と聞いたのが三月二一日、気をつけていたら、やっぱりこの辺りの土手や畑に優しいハタゴの花がいっぱいさしていた。細い二枚の葉の真中に一本の茎が伸びて、六弁で白に紫の縞のある稚子百合のようなしおらしい花をつける。根の小さい芋が食べられた。

島根県の鹿足郡《かのあしぐん》ではウグイス、またたまにはウグイスノハナ、ウグイスバナという。鶯みたいに春が早いからであろう。柿木村や六日市町ではどこの家でもコウド（コウゾ）を作り、売ったり、紙にすいたりした。春四月、このコウド畑を打つ時によく玉を拾って野火で焼いて、また帰って囲炉裏で焼いて食べた。甘くてうんとおいしい。仕事帰りの親たちも土産に持ち帰った。どういうわけであろうか、日原町《にちはらちょう》の青原では、ウグイスを掘ると風が吹くから掘るんじゃねえと言われたという。恐らく畑を荒らされるとかの親たちの都合があるのだろう。兵庫の千種町では甘い芋だからアマイモ、ここでは生で食べた。

秩父の直ぐ前の畑の土手にもあるから、私もこの根は食べたことがある。細い蕎麦の茎のような柔々した茎は地下部が深くて一二、三センチ、この細い茎に似合わず根の玉は丸くて太っている。親指じゃない、他の指先位の丸さである。一番上に褐色の薄い皮を一枚被っていて、これを剥ぐとあとは真白、ラッキョウほどではないが、何枚か層になって、この層の中心には、頭とんがりの宝珠《ほうじゅ》のような、または青梅の種の中の核のような、またはハシバミの実のような真白な珠がある。生で噛ったら、さつま芋を生で噛ったのとまったく同じだった。いかにも澱粉質でキチキチして、甘くて、殊に色も他より白かった。真中の宝珠は澱粉も多い。カタクリともよく似ているが、あちらよりも甘いように思った。子どもたちが喜んで掘り歩くのもよく解ることである。

前に佐渡で聞いた根を食べる草で、品物の解らないのが一つあった。ゴアジという名前であるが、多分はこのアマナのことだ。

ゴアジの名前は外海府《そとかいふ》の後尾《うしろ》でいう。花が咲くのは春早く、福寿草の次くらいである。葉は鉛筆の太さのものが二枚だけで、その中から花のつく茎を出し、花は頂点に一個つく。色は白い。丈は地上から一〇センチくらい、地下に七センチほど入って、根のところに大豆の二倍ぐらいの球根がつく。球の表面の赤っぽい色をした薄皮を一枚むいて食べる。甘味があっておいしい。食べるのは多く田植前頃の時期であるが、まだ花の咲く前、寒いうちからも山に掘りに行って食べた。

この辺りでは、節分の行事で「一二月」と呼ぶものを立てる。フシノキ(ヌルデ)を巾三、四センチ、長

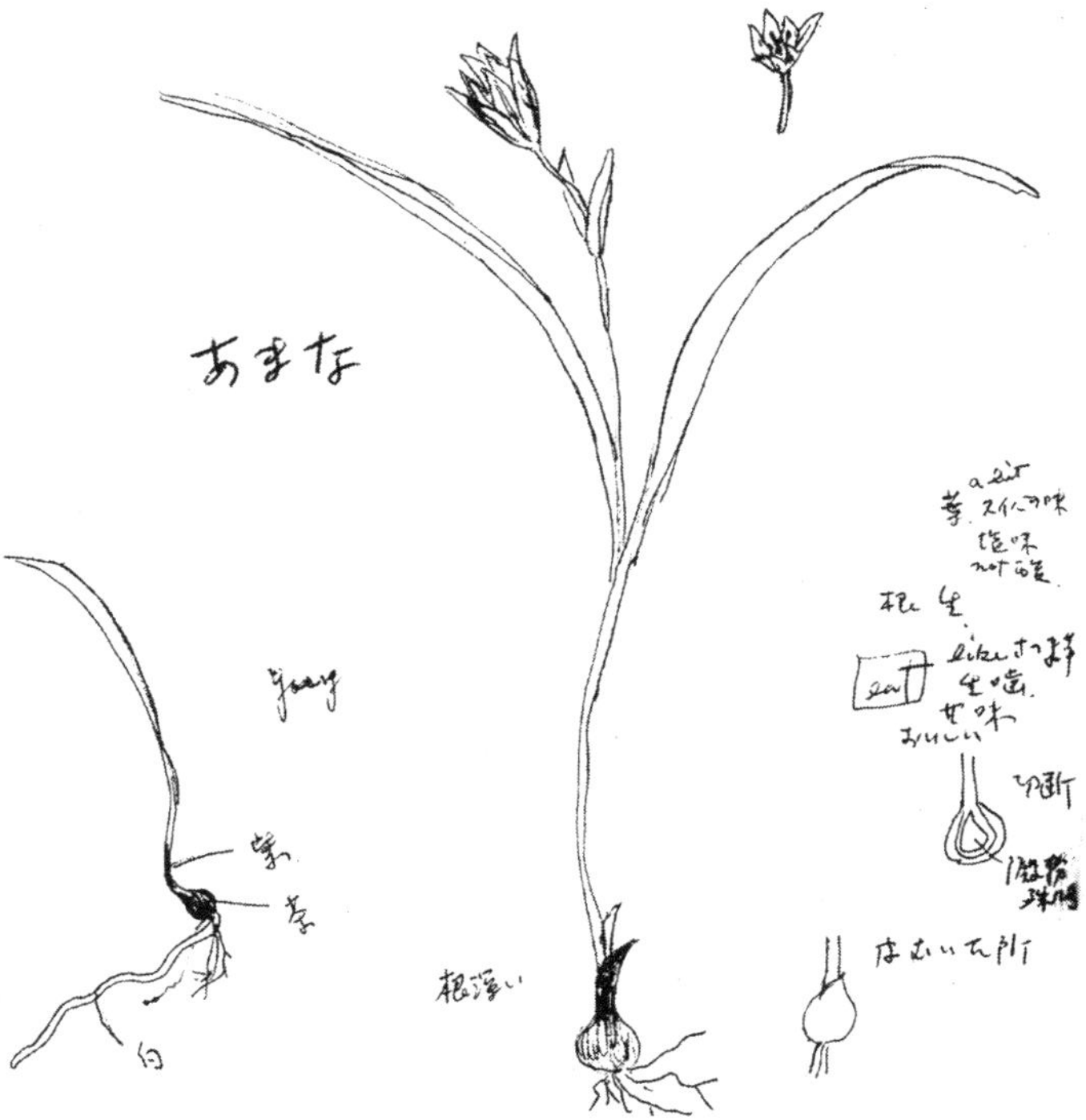

さを二〇センチくらいにして何枚かに割り、表に「十二月」と書いて入口ごとに魔除けに立てる、終った後もそのままに残っているので、これを持っては「ゴアジ掘りに行かんか」といって山に行くものであった。

根はかなり深いので素手では無理で、石でその坑をトントン叩いて掘ったという。この部落で八一歳と六九歳の婦人の話であった。

相撲取花《すもとりばな》 ――スミレ

甦った春を知らせて大人を感動させるスミレも、子どもにかかっては相撲とり相手にさせられるだけ。スミレなどという名は、かつてはどれほどの者が呼んだのだろう。

スモトリバナ　栃木、新潟、岐阜、石川、福井、三重、滋賀、京都、徳島、愛媛、宮崎、熊本、長崎
スモウトリ　静岡県小笠町高橋原
スモントリバナ　兵庫県千種町岩野辺
スモトッバナ　五島三井楽町柏、奈良尾町
スモトリバナンゴ　鹿児島県山川町山下
スモトリゲンゲ　徳島県神山町阿呆坂
スモトリグサ　福島県四倉町、千葉県千葉市土気、茨城県玉造町手賀、小川町柴高、新潟県山

エイザンスミレ

古志村種苧原、兵庫県氷上町賀茂、徳島県佐那河内村西府能、高知県田野町、安田町、吾北村、大分県野津原町、三重町山中、宇目町桑ノ原、熊本県牛深市吉田、長崎県平戸市大野

山口の防府《ほうふ》市《し》下右田では、ハットラッキョウ、「ハットラッキョウ、ハットラッキョウ」と掛声をかける。鹿児島県甑島《こしきじま》のカケバナも掛け合わせるところから。佐渡羽《は》茂町《もちまち》飯岡のガンガンバナも鉤々花だろう。奈良の十津川村上葛川ではクビキリノハナ、おなじく寺垣内ではクビキリバナと聞いた。

九州宮崎ではコマカチカチ（緒方町上畑）、これは〝駒勝て勝て〟だ。コマカテバナ（椎葉村《しいばそん》屋敷）、コマケバナ（北郷村小原）、ンマカケバナ（東郷町山陰)、ンマカチ(日南市寺村、大久保)。

宮崎に続く、鹿児島県志布志湾に面した志布志町安楽《あんらく》で伊藤さん(明治三三年生れ)の教えるのは、ンマカッコ。

　んまかっこ　ひんかっこ

といって勝負させる。「んまかっこせや」。

同じところで明治三七年生れの方のいうのは少し変わり、名前がヒンカチ。

　だんまが　勝っか
　こまが　勝っか
　ヒンカッカ

コマは雄馬、ダンマは雌馬だと。薩摩半島に移って薩摩町狩宿でも、まったく同じにうたって名前はヒンカッカ。この名は有明町吉村、川辺町神殿でも同じであった。宮崎の北郷村《きたごうそんう》宇納間《なま》や南郷村《なんごうそん》水清谷《みずしだに》ではヒンカチと呼ぶ。

半島南端の開聞町入野や穎娃町《えいちょう》でもヒンカッカと呼ぶのは同じだが、掛声が、

おんじょ（爺さん）が　勝っか

んーぼ（婆さん）が　勝っか

ヒンカッカ

になるので、遊びの名前もオンジョカッカ、「おんじょかっかせや」といって遊ぶ。

岐阜の徳山村戸入《とにゅう》でオトヒメと雅びた名前で呼ぶのは、

おとーが　負けるか

ひめーが　負けるか

ちんこしょい

とうたうからである。

同じ村でもこの奥の門入《かどにゅう》ではタロウジロウが呼び名で、これも愛知県などには多い。ジロタロバナ（設楽町《したらちょう》大久保）、ジロンボタロンボ（新城市）、ジロンタロン（東栄町尾籠《びろう》）。ジロンタロが名前の東栄町本郷や尾々ではこんなにうたった。

じろんたろ　じろんたろ
どっちが勝つか　負けるか

山形の日本海側、八幡町でも相撲をとらせて遊ぶが、しおらしいヨメクサの名前は、この遊びから離れていよう。北にはスミレがそう多くなくて、私などもスミレの相撲遊びは知らなかった。スミレの種子は、か細い身に不釣合いなほど、豊かなみのりを感じさせる、ふくらみ張った巾着型である。中にはぎっしり細かい種子が詰まっており、はじめ白くて、暫時黄茶色になる。それで子どもはこの種子を手に取って、

米か　粟か

と当てさせる遊びをする。（岩手県玉山村城内、岐阜県根尾村下大須）
いや、当てっこをするだけではない、宮城県や福島ではこの粒々を食べてもいる。角田市高倉で大野よねよさんたちは、白いのは「米まま」、色づいているのは「麦まま」といって食べた。
沖縄の西原村池田でスミレをターラグヮグサとと呼んだターラグヮは俵コのことに違いなく、そしてそれなら実のさまから出た名前だ。新潟の安塚町二本木では、スミレをジジノキンタマと呼ぶ。

ちゃんぽんぽん ──タンポポ

タンポポは、子どものいい遊び相手になる。花のついた軸では、下向けに相手のと振りからませ、首のとりっこをする。そのままではもろいので、灰でもんだり、屋根の上に並べて干したり（静岡県南伊豆）もするのである。長野の青木村で話してくれた人は、鼻の上で揉んだといった。花が終った後のタンポポの茎を掌でも揉むが、鼻の頭の方がほどよく揉める。鼻は真っ黒になり、しばらくは落ちない。その首を落した後の茎では、オオバコのトウでやるように両手を交互に動かしての相撲とりをしたと。

花の咲く時分の茎を楽器にする遊びもある。短く切ったのを笛にもするが、これは打楽器ともいうものである。佐渡両津市大野で山本ていさんの話。

「春、花の咲く時分、茎をとって屋根などにのせて一日も干し、ふくらませて両手に持ち、歯ではじいて鳴らす。カンカンいい音たてる。紙に包んで懐に入れて学校に行き、休み時間に皆で鳴らした」

それでだろう、羽吉や玉崎では、タンポポをカンカンバナと呼んでいる。

「カンカンバナ取りに行かんかえ」

ショウジョウバカマも同じ遊びの材料にするので、玉崎では、そちらも一緒にカンカンバナと呼ぶとのことだった。金井町千種で橘さん（明治二三年生れ）の教えるのは、ボボチャ、塩まぶして干し、そうでなければカラカラに干しすぎるという。

　相川町入川ではチャンポ、高下で昭和四八年（一九七三年）の訪問時に九三歳だったおばあさんはチャンポンポン、和名タンポポは鼓の音に依っているといわれているが、チャンポンポンはまさにそれらしい音。これに類した名は他にもチャンポポ（岐阜県徳山村山手）、タンポ（茨城、栃木）、タンポコ（青森、秋田、栃木県田沼町、滋賀）などがある。福井の池田町でも同じ遊びをしていて、手に持った両端は、指に巻いて空気を圧縮するのだと教えられた。切った茎の片端を縦に四つ、五つに裂き、舐めるか水につけると外側にくるりと反って車のようになる。埼玉の秩父地方の子は、口に入れて反るを促すに「まんまくれ」などといい、栃木県田沼町黒沢の子たちは、

たんぽ　たんぽ　まるまれ

などという。ここでタンポポの呼び名はタンポポなのである。

青森の津軽半島蟹田町小国では、茎を四つに裂いて口に入れ、掌の中でくるくる廻しながらうたった。

かごこになれ　わっこになれ

カゴコは籠コであろうか。タンポポの名前はカコモコとなる。

秋田市上新城中ではゴゴコの茎を二つに裂いて口に入れ、「髪コ結ってたもれ」とうたい、同じく下新城青崎では、やはり二つに裂いて、

ごげァコ　ごげァコ
花咲げ　ごげァコ

とうたった。ここで名前はゴゲァコ、同市上北手寺村ではゴジョツコで、「よくない髪コしてると、ゴジョツコの頭みたいだといわれる」と。

これらの名前は新潟のゴゴジョにも似ていようか。「ごごじょこしょおえや（ごごじょこしらえようや）」（栃尾市中野俣）といって遊んだというから、一連の名は人形《がた》をめざしての名なのかも知れない。

新潟の柏崎市善根で、「ごごーじょごごじょ、頭結ってどこへ行く」とその後にも続いた唄があったと前に聞いた。

それと同じものかどうか、山形県米沢出身星美代子さんによると、女学校の教科書に左記がのっていたそうだ。

ごごーじゃ　ごごじゃ　何故髪結わぬ
櫛がないかや　鏡がないか
櫛や鏡は　沢山あれど
ととさん死なれて　三吉や江戸へ
なーにを楽しみ　髪結《ゆ》ーおぞ

次のは、両津市北鵜島で明治三五年生れの土屋さんがうたってくれたもの。

おせん髪結って　どこ行くの

わたしゃしば町《ちょう》　嫁に行く
（佐渡両津市北鵜島）

若い時の茎は子どもが食べもした。カコモコ、またカッコモコと呼んだ津軽半島小国の人たちもそのまま食べ、「バッケ（フキノトウ）よりは食べるにいい」などという。バッケの長く伸びた茎も、葉を扱《こ》いて食べるのである。

短く切ったのを、水に放してから食べる子たちもいる。岩手の葛巻町《くずまきまち》野中では、皮をむいて三センチぐらいずつに切り、水に放すと車コになる、その車コを食べるのだという。これはアクも抜けようし、パリッとした野菜サラダのようでうまそうだ。もちろん、いちばんうまみは形にあろう。

この両側を反らせた、いわゆる車コは、中にカヤ軸などをさして水車にもする。前の小国ではカヤに通したのをかんざしや髪にさしたりもしたそうである。

花が終って、風と直《じ》きに手を継いでしまいそうな白いホワホワの綿毛になると、すかさず息を吹きかけて、飛ぶ手伝い方をする。

豆腐一丁　買ってこー
（栃木県田沼町船越）

庄助さん　庄助さん
太田の町行って　塩買ってこう
（茨城県水府村棚田）

酒買《こ》うて　こーい
味噌買《こ》うて　こーい
（三重県美杉村丹生俣）

味噌こうて　こーい
たまり買《こ》うて　こーい
帰りに日ー暮れたら
おばさんとこ泊って　こーい
（三重県飯南町上仁柿）

向かいの山行《い》て　塩かってこい

（兵庫県千種町河呂）

京都の日吉町佐々江では綿毛の頭をことにケーコンボと名付けている。きっと唄もあるのだろう。同じく新ではケーボンサンで、

ぼんさんぼんさん　毛ーぼんさん

とうたった。

茨城の常陸太田市下大門の唄、

ぼんさん　ぼんさん
頭刈って　やっぺ

タンポポは、茹でてお菜にもされている。京都京北町細野で大正四年生れの方、「畑もんがまだ出来ない時に、ナナグサ（ナズナ）やタンポポを畑の春菜（菜種と似る）などと混ぜてひたしにして食べる。タンポポは日なかほど気出《け》しせんと苦うおすな。ナナクサやタンポポ、芹は

茹でてもべたっとせずにおいしい」

園部町口司《そのべちょうこうし》で細身イカさんも、

「タンポコ、茹でて食べる。ほろっと苦い。根のところから鎌で刈って来、つけ根を切ると葉がばらばらになるので、それを洗って茹でる。日なか水につけて」

宇治田原町湯屋谷で藤田トクさんは、

「茹でて水かえてさーさーゆすいどったら間もなく食べられる。毎年一度は料理して子どもらに食べさせている。体にいいという。でも今年はしなかった」

山形の小国町五味沢の斎藤そのさん（明治一六年生れ）のように「茹でて干し、冬に油などで煮つけて食べる」という方法もあった。

愛媛の野村町のあたりで、グジュナは生を塩でもんでから炊いてお菜にする。やはり苦い。

岐阜の根尾村や徳山村の呼び名もグジナ。

山でんまいのは　グジナやガモジ
憎い嫁コにゃ　くわせまい

の唄がある。ガモジはコウゾリナのことである。

つくつくぼうし――ツクシ

ツクシをホウシコボンと呼んで、

ほうしこぼん　ちょいと出ー
彼岸仏《ひーがんぼとけ》の　菜《さい》にしよう

「畔道など、あない言いながら行きおったな」

淡路島の富島で明治二二年生れの河野ちかさんが、昭和五〇年の採集時に話した。

ツクシに対するホウシの名前は、愛媛の伊予郡中山町や喜多郡内子町にもあり、両地ともこんなにうたう。

ほうしこほうしこ　ほうざえもん

袴はいて　出て来い

京都の日吉町片野新出身の山田さきえさんたちは、

つくつくぼうし　出やさんか

といいながらツクツクボウシを摘み歩いた。

ツクシは子どもの食べ物でもあった。

「よう生で食べおりましたぜ」

と聞かしたのは、広島の三和《みわ》町上壱《ちょうかみいち》や敷名今原のおばあさんたち。頭は食べずに、茎だけを袴《はかま》をとって食べる。三次市《みよしし》志和地《しわち》では塩をつけて食べた。美土里町助実《すけざね》も含めて、これらの地での呼び名はヒガンボウズである。

火の上に置いたり、十能の上で焼いたりして食べたと聞かす人たちもいる。兵庫の青垣町大名草の足立シカさんは、十能で焼い

たのにしょうゆをちょっと垂らして食べる。頭も食べたといった。こちら一帯では広くツクツクボウシの名である。

どこの地方でもやる子どもの遊びは、ツクシの幾つかある節の一つを外し、また元通りにはめて、どこを継いだか当てさせるものがある。もっとも、この遊びに用いられる主なるものは杉菜の方であるが、こちらは節が多いだけにスリルも面白みも数倍するのである。吐く息も止めるほどに気をつけて抜いて戻すが、どうしてもわずかの歪や傾きを生じるもので、相手はためつすがめつその不自然さを見極める。後ろを向いてその用意をし、振り直って当てさせるのである。

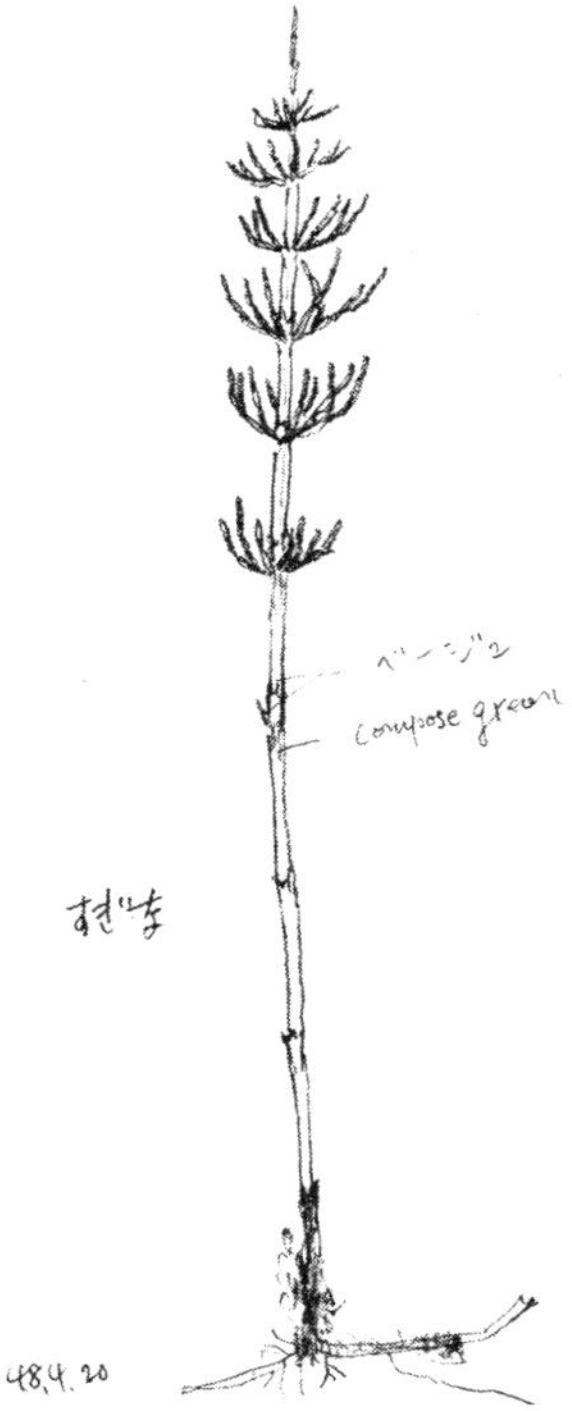

つぎつぎ　ついだ
どこついだ

三重県ではこんなにいい、四日市桜町では杉菜をツギナ、阿山町丸柱《まるばしら》ではツギツギと呼ぶ。広島の能美町の高田の呼び名はツキボウシで、

どっからついだ　つぎぼうし

これに対して相手は「こっからついだ　つぎぼうし」などといったりする。茨城や栃木の言い方もこれと似て、「どっからついだ　つぎなんぼ」、また「どこついだ　つぎなんぼ」、それで杉菜はツギナンボの名前だ。

杉菜の呼び名では、この遊びによる名前がその大半を占める。

ツキツキ　兵庫県青垣町大稗
ツギツギグサ　滋賀県信楽町小川出、土山町青土
ツギノコ　茨城県高萩市小川町、山方町、栃木県市貝町、葛生町
ツンゲノコ　栃木県岩舟町静和
ツギナ　福島県伊達町、茨城県八郷町
ツギナンボー　茨城県笠間市片庭

ツギクサ　　山形県山辺町、朝日町
ヅーナギ　　静岡県御前崎町御前崎
サシクサ　　東京都日ノ出村
ツゲマツ　　山形県白鷹町大瀬

最後の山形県白鷹町《しらたかまち》のでなども、「どーこついだつーぎまつ」というのだ。ツクシの名の由来を「澪標《みおつくし》」から出たといわれることもあるが、たんにツキ（継き）だったのではないだろうか。

一方スギナという名は、細かい針葉が杉に似ているところからつけられているのだろう。そうだというなら、同じく松葉に似るも道理で、こちらの名前の勢力も強い。

マツバ（兵庫県青垣町大名草）、マツバグサ（宮崎県南郷村、田野町、日南市、鹿児島県志布志町、山川町、熊本県牛深市）、マツナ（京都、兵庫、徳島、壱岐、宮崎）、マツナグサ（兵庫県氷上町賀茂、宮崎県東郷町羽坂）、マツグサ（奈良県十津川村、兵庫県）。

ツクシとスギナとの関係は、どちらが親か子か議論をかもすところ、大分県竹田市矢原の子たちは、そこをうまく解決してうたう。

つくしの親は　とうな
とうなの親は　つくし

トウナは杉菜のことである。
愛媛県松山市でもスギナはトナで、

ほうしこ　ほうしこ
誰の子
藪の中の　となの子
となが死んだら　鉦たたく

つくつくぼうし　なぜ泣くの
親《おーや》がないか　子がないか
親《おーや》もごんす　子もごんす
（高知県夜須町）

つくつくぼうし　誰とねた
おばさんとねて　鉄漿《かね》つけた
（三重県四日市）

こっぽん——イタドリ

イタドーリ　チョンボ
おーやも子ーも　芽出せよ
（京都府京北町下中）

スイバからみると、こちらは随分と大味で、少々青臭みもあり、それほどおいしいものではなかったように思う。しかしそれだけスイバの馬鹿酸っぱさもなかった訳だから、多く食べるにはよかった。「うまくもないが、腹の足しにはよかったもんだ」などと切ない言葉を聞くのも、多くのイタドリの場合である。

春も少し眠たくなる頃、スイバよりちょっとばかり遅れてイタドリはのびて来る。ちょうど蕨《わらび》と同じ頃である。地味の肥えたところのものはことに太く、これを折ろうとすればきっとスッポンと音を立てる。佐渡や、兵庫のスッポン、富山県氷見《ひみ》のスッポンポン、隠岐や江田島のカッポン、倉橋島のタッポン、また宮崎県西都市のコップ、兵庫県和田山町のコッポンなどもこの折からの命名であろう。

食べてみて酸いところからの名もある。下北のスカンコ、津軽のスカンパ、柏崎のスッカンボ、隠岐のスカンボなど、しかしこれらは別の土地ではそのままスイバの名前である。両方共を同じ名前にしてただイタドリの方には様子がそれに似ているということで「竹」の名を冠しているところも多い。島根、山口のタケスイバ、松江のタケシイザイ、能登のタケズイコ、茨城県大子町《だいごまち》のタケスカンポ、天草のノダケ、カワタケの名もある。

こうしたイタドリは、春も過ぎて子どもたちの楽しみの対象から離れる頃になると旺盛に成長し、枝を茂らせ、大きな葉を広げてまるで見たこともないような大形《たいぎょう》な草となる。自分たちの馴染んだ若い茎の姿とは似ても似つかぬ姿となるのである。そうなると食用となるこの若い茎のために、殊に名前を与えていたところでは、成長後の草には別の名前を与えて呼びかわさないと満足出来ないことになる。

例えば、若い時分のものをサシボッコと呼ぶ秋田の由利町などがそうである。サシボッコのボッコは棒のことで芽の出たての、筍《たけのこ》のように、また棒杭のようにただボッソリと立っているもののために名付けたのであったから、大きく立木のようにも成長したものには甚だ不似合いな名前なのである。それで

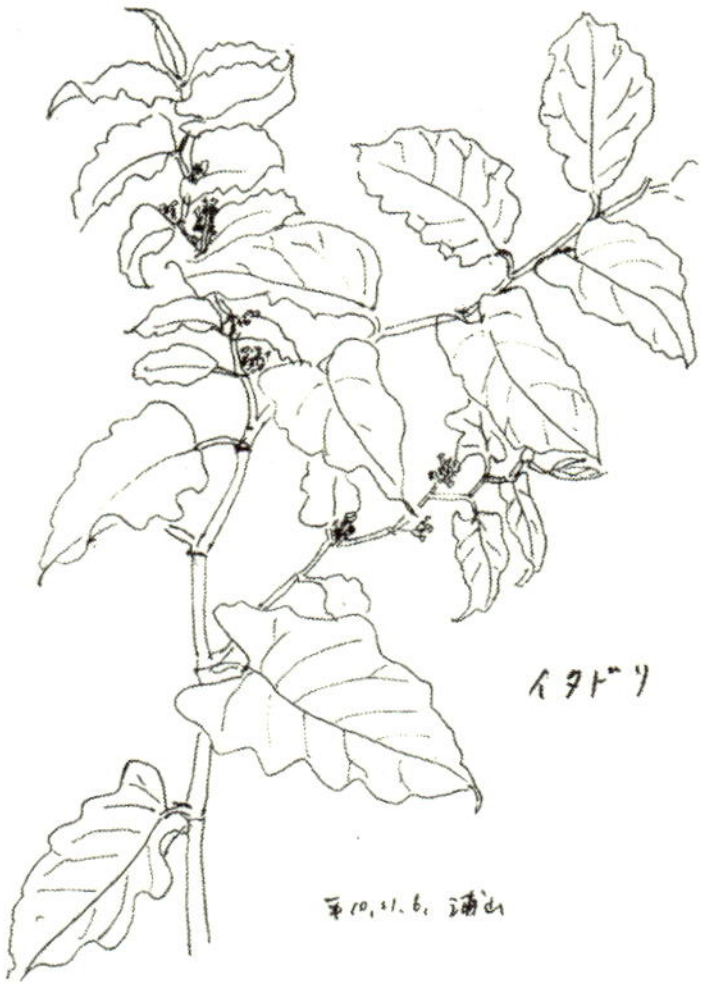

ここの人たちは、若くて食べられるほどのものはサシボッコ、成長してからのものはサシガラといって区別した。
　このことは、山形の最上川を懐にしている舟形町、それから大蔵村、また少し北に行ったところの鮭川村などでも同様である。ここでは若いものをドンゲ、またドングイ、老いたものはドンゲガラ、ドングイガラという。ドングイは杭のことである。また、岡山県西粟倉村、それから近くの兵庫県千種町ではダンジにダンジガラ、「大きいなって木のようになってから」をダンジガラという。「花が咲いたらもうダンジガラだいや」と語る。
　かくて柄ばかり大きくて、役にも立たないような者のことを前の大蔵村の清水というところでなら「はやまのドンゲガラ」という。はやまはこの辺りの人が山菜採りなどによく行く山、ここにはドンゲが多くあり、格別みな太くて大きいのだそうである。
　イタドリは、野にある菜としてかなり重要な食料となっていた。その料理法をざっと見てみると、生で調理するのと保存食に塩漬けにするのと二つのやり方がある。生からの場合は、特有の酸味を抜くためにしばらく水にさらすことが必要である。

和歌山や奈良の十津川村でゴンパチは鍋に入るほどの長さにして、さっと湯を通して皮を剥き、二日ほど水にさらして酸味を抜く。高知の北川村でだとイタズリの皮を剥いてから茹でて「ジケが早く出るように」といって更に二つ割りにして流れ水にさらす。朝やったら晩には食べられるという。

滋賀県の土山町や日野町では生のまま節をつぶして、これに上から熱い湯をかけてそのまま冷めるまでおき、冷めたら日なか（半日）流れ水につけておく、ちっとも酸くないという。節をつぶすのは前の北川村の場合同様、早く酸味を除くためであろう。「節つぶさんとけが出まへんで酸うおますさかい」という。

出来上ったものは、魚などと煮付けにして食べた。おいしいという。

塩漬けにする方は、東北では生ででも、また茹でてからでも皮を剥いて漬ける。北秋田の上小阿仁村《かみこあにむら》でサシドリは生で皮たぐって（剥いて）漬け、食べる時に一度煮立てて塩出しをする。そのままで浸しもおいしかったという。南津軽では、鍋に煮立てた湯にイタドリをつけて、直ぐに上げ、皮をたぐって塩漬けにし、食べる時は水でもよいし、急ぐ時なら一度煮立てて水につける。塩出しの済んだのは生の場合と同じように他のものと煮付けたり、油いためをした。

昭和四八年、南津軽から坂梨峠を越えて秋田の小坂町に出たのは九月の二四日であった。山間に開けた町で、一晩泊まって次の朝出ようとしたら、町には市が開かれていた。毎月一と五のつく日が市日なのであるという。

時あたかもきのこの時節で、どのおばさんたちの前にも茶色のやら白やら紫のやら山と積まれていてまさに附近の山のきのこ総出演という風であったが、その中にこの辺りでサシドリというイタドリの漬けたのを売っている婦人がいた。店は出してあるもののこれから捌くイタドリを用意しているところで、緑色をすっかり漂白してしまったような青白い、そして柔らかそうな茎を太いのやら細いのやら二本、三本、四本と根元の方を揃え、ちょうど手一つになるほどに握ったところでわらでしばって束にする。その中に入る本数はほぼ五、六本、値段は一っぱ二〇円である。

長いのもあれば、短くてずんぐりしたのもあり、大体三〇センチくらいで、これを採る時には途中から折るのでなくて根元から抜くものらしく、筍のようにそこのところが最も肉が厚く充実しており、やっぱり筍の場合のように根元を四方から包丁でそいである。

すでに塩出しも済ませて食べるばかりにしてあって、私も尻尾の方を少し噛らせてもらったが、予想した酸味は少しもない。柔い中にも快いほどの歯ごたえがあり、例えれば水にもどした干しゼンマイといった感じである。味を説明するのはちょっと難しいのであるが、ウドからその香りを去って、それに子どもの時に食べたスイバの塩漬けのあのひなびた風味をわずかに加えれば、成功しないまでも少しは似たものになりそうである。癖のない、むしろなさ過ぎて普通にある野菜に近いようなものであった。それだけにいっそうポピュラーな食物となったのであろうし、また煮物などにする時にはもっと大きな力を発揮するものであるらしかった。

目はじき――オオバコ

以前、遠野市久保で、

六つあまされ　まるぐの葉にもきらわれる

というのを耳にした時は、何のことかよくわからなかったのだが、今ならわかる。六つ、七つはいちばんきかない年頃で、その乱暴な振舞いは、もう一つの雄の代表のオオバコをも辟易させるというのだろう。和歌山の本宮町でなどは「七つぼうずは、石垣の穴にもきらわれる」などといっていた。何でもない石の穴さえも放ってはおかないのだ。

オオバコは丈夫な草である。しかもどこにでもある。これが玩具になるなら、子どもたちには幸せこの上もない。

まずトウが伸びたら、いちばんに引っ張りくらをするだろうか。

このトウは草のそれとも思えぬほど丈夫なので、他の草相撲の材料、すみれの花とか、松葉からみたら段違いにやりがいがある。互いに相手の物にひっかけ、両端を一つに持って力まかせに引くこともするが、これでは芸がないので、それぞれの端を両手に握って押したり引いたり掛け合せる。後者の場合、勝負がつくまでに間があるもので、唄の一節もうたわれる。以下はいずれも新潟のもの。

いすす*ごいごい　　*石臼
粉まんま
（東頚城郡松代町）

臼《うす》ふきざんごー　米かみどんぼ
やーまに米が　たくさんで
隣のじさまが　みなかんだ
（六日町）

臼《うす》ごうごう　山どんぼ
山のお米や　たくさんで

挽《ふ》いちゃかみ　挽《ふ》いちゃかみ
みなかんだ
（山古志村種苧原）

ざえっこん　木挽《こんびき》どん
挽《ふ》かねば　熱い飯《あつちゃまま》
くわえねえ
（黒川村持倉）

種子島西之表市現和ではオオバコをトッコイグサ、福島市ではスモトリグサと呼ぶ。青森県蟹田町小国のキリッパの名も切り合いをする意味なのだろう。
オオバコの名前には他にも子どもの遊びから出たものがあり、中でも大部を占めるのは目はじきからのものである。

メハジキ　愛知県設楽町
メツッパリ　鹿児島県屋久島、上甑村、牛深市、河浦町
メツンバリ　長崎県奈留町、新魚目町、宇久町

メントッパリ　鹿児島県下甑村
メッパリ　熊本県若松町
メッパ　熊本県玉之浦町、三井楽町
メハッチョウ　種子島南種子町上中、茎永
メハリグサ　南種子町本村

目はじきの遊びは普通草の茎や葉柄などを上瞼と下瞼の間にはさんで目を見張らかすものだが、オオバコの場合は、トウを二本、穂のところで打ち違いに重ね、そこを口にくわえて、軸の元をそれぞれ上瞼につっかえ棒にするという物凄いものである。このやり方がすべての地で共通するというのもおかしいものだが、左右に突き出た穂は頬髭のようになるし、顔面に襷《たすき》をかけたような長いつっぱりはこの世のものとも見えぬ面相を作る。秋田市上新城の子たちは、これを「面《めん》コ（お面）の顔《つら》コ」だという。「面コの顔コこしゃて遊ばな（作って遊ぼう）」という。

オオバコは葉柄もなかなか強いものである。肉の部分はそうでもないのだが、縦に走っている六、七本の導管が、ほとんど糸の様子をして、引きちぎろうとしても切れ残る。この性を利用してやる機織遊びも多くの子のやるものである。葉柄の途中で、肉だけを切り離せば、間に糸の渡った形になるので、これを径糸として、芝草などで織る。一センチ巾ほどの美しい緑の織物が出来上がる。また同じようにして、琴に擬したり、三味線にしたりして鳴らす真似をして遊ぶ。

さらにこんな遊びもある。葉をたくさん、葉柄の部分は糸だけにし、その糸を一まとめにし、まりに打ち上げて遊ぶ。まとめた筋の方を片手の掌に打ちつけていれば、そのままもつれてほどけないようになるそうだ。

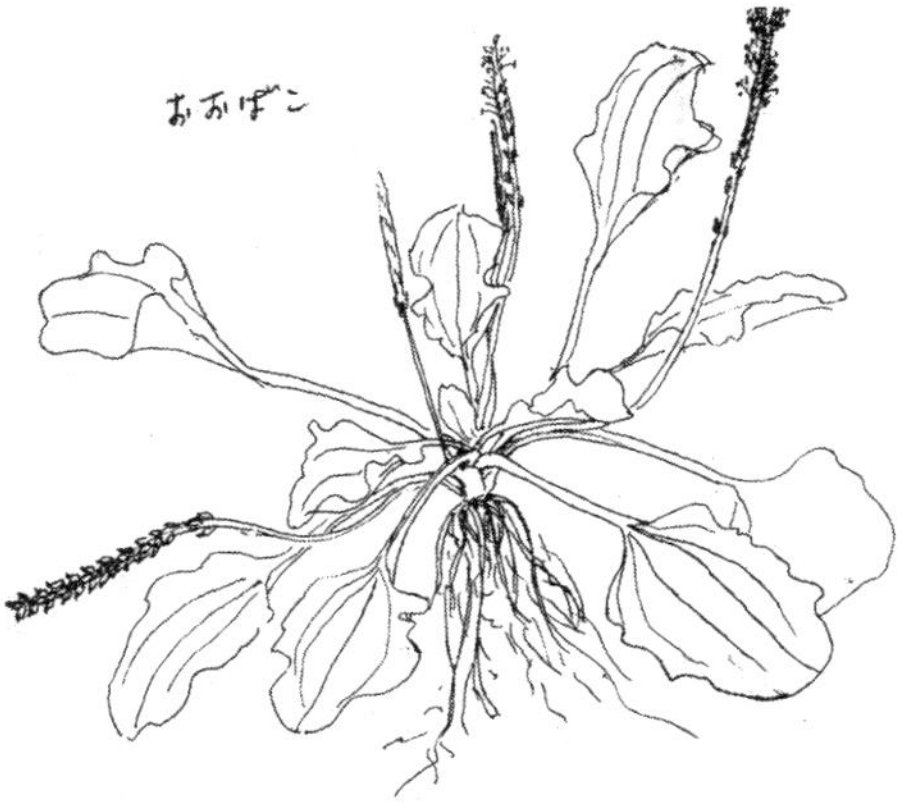

オオバコの強い部分はしかし、トウや葉柄ばかりでなく、葉の方にも及び、強靱な葉脈に裏打ちされているようで、厚みもあるし、粘りがあってなかなかにしわい。それで女の子たちはこの葉でも、ウルイやエンレイソウの葉と同じに、火にあぶったり、熱湯をかけたり、塩に漬けたりしてホウズキにする。口で吸って小さい風船にした後、糸でくるのである。この際、細い糸でさえ、口中に入れるのは粗すぎないかと思うのに、津軽半島の車力村では、糸でなく藁のメゴ（穂をつける最上段の棹）を用いた。メゴを揉《も》いで、細く裂いてしばる。やはり穴を開けて「マロパほうずき」にするのである。千葉県茂原市小林では、オオバコをフージッパと呼ぶ。ホウズキッパの意味で、同じ市の大登《おおのぼり》では、ウルイをヤマフージッパと

いうのに対して、オオバコはミチフージッパと呼ぶ。

沖縄でオオバコをクヮーナシグサ（子産み草、今帰仁村《なきじんそん》仲尾次）、またナーチキグサ（名付け草、今帰仁村平敷）と呼ぶのは、子が生れての儀式に欠かせないものだからである。そのやり方、具志川市天願でのなしようは、生れて七日目のナーチキ（名付け）の日に、庭にシプクサ（オオバコ）の一株と鍬を置いたのに、丸い大きな平笊《ひらざる》のミージョウケと呼ぶものを立てかけ、それを桑木の弓で射る。弓には赤紙を巻いてある。赤子はこの折はじめて外に出すのであるが、子を抱いた者は、七巾メエチャアーと呼ぶ晒七枚縫い合わせた巾広の裳《も》のような下着を頭からすっぽりかぶる。

奄美大島の隣の加計呂麻島《かけろまじま》薩川のやり方はもう少し簡潔で、七日目の出し初《いぢゃはじ》めに、庭に出した時、ヒッキグサ（オオバコ）を踏ませる形をする。

この踏みつけるやり方は、沖縄の勝連村比嘉で耳にしたマブイヅケという魂込めの行事の中にも出ていた。この行事は、子どもなどが常と違ってぼんやりしていると、魂が抜けたと心配して、その家のおばあさんなどの手で取り行われるのである。比嘉でのやりようは、ヒラクサ、一名チカラクサと呼ばれるオオバコを、座敷に据えた鍬の刃の上に置き、そのまわりをまわりながら三回踏みつけるというものだった。

天願で先の話をしてくれたマツさんは「シプクサは根が張って強い、鍬でとる」といっていた。トウや葉が強いだけでなく、これの根張りはまた一段と強固なのである。なにしろ、人の踏み跡を好んで生育地に選ぶぐらいだから、構えも万全なのである。この強いところが行事の草として名差しされているのだろう。

広島県美土里町助実でオンバコを和物にして食べ、オンバコは毒下しになる、出来ものをしないというのも何かしら呪的なものを感じる。福島県西会津安座では、土用の丑の日にカエロッパは食うがいいといって飯に入れたりした。

山形の大蔵村稲津や、隣鮭川村木根坂で納豆に入れたというのはしかし、そうした特別の意味はないように思われるが、どうであろうか。ベッキンクサ（オオバコ）の実をしごいて、まめの煮上りに、また、苞に仕込む前に少し入れ、よく糸が出るというのだった。

オオバコの実が粘りを生ずるものなことは子どもは先刻ママゴトで実証ずみなのである。ベッキンクサの実をしごいたものに水を入れておくとドロドロ粘るものになるので、栗のヘタで作ったヘラコではかって売り買いした。これを青森や岩手では「飴」という。よほど固粘りのするものなのだ。岩手の湯田町左草では、「納豆」だといって葉に盛ったりして遊ぶ。同じ町下前、また沢内村川舟だと「お粥」で、「マルギッパのトウの実が落ちるようになった頃の実で」と、条件も教えてもらっている。

これはママゴトではない、岩手の住田町では「けがつの年はオオバコの実も食べたてな」と聞いた。またお吸物などに実をパラパラしごき落すと、トロみが出ておいしいという話もたしかに聞いた覚えがあるのだが、おかしなことに記録の中に見つからない。どこでのことだったろう。

山乾瓢《かんぴょう》――ウルイ

春は全草おひたしにして、葉がかたくなったら茎だけを汁の実などに、夏になっても根元の白色の部分なら食べられるという便利な山菜だ。福島の南部、矢祭町で「ウルイは湯どうしして干し、もどして煮て食べる。カンピョウそっくり」と聞いたのも、なかなかいい利用法と思える。栃木市尻内や茨城水戸市全隈では、ウルイをヤマガンピョウ、ヤマカンピョウと呼ぶ。茎を煮つけになどするものの、カンピョウにはしないというが、かつてはそうもしていたのかも知れない。生でも少しのぬめりと、なめらかな舌触り、淡白な味で、カンピョウに似ぬこともないのだが。

秋田の上小阿仁村ではユリ、屋敷に植えておくユリ（ギボウシ）に対してヤマユリとも称し、「山ユリは茎白くて長く、うまい。ガッコ（漬物）につければ大したいい。五月の田植頃までも食べる」という。

このように東北ではウリと呼ぶことが多い。岩手の大船渡市赤崎ではマウリだが、何に対してマ（真）なのだろう。キュウリもウリと呼ぶところは、リにアクセントがあり、ウルイのウリは平板な発音である。

栃木県田沼町でカエロッパ、足利市名草中でゲエロッパと呼ぶのは、オオバコに対してと同じ理由なのだろう。段違いに大きくて、普通は比べることもしないけれど、タテに目立つ葉脈の走るところといい、波打ちかげんの形といい、オオバコとそっくりなのである。伊豆半島石井でも、ヤマオオバコと呼んでいる。

ウルイの葉では、子どもたちがホウズキを作って遊ぶ。その作り方、火にあぶるか、手で揉むか、または塩漬にして（半日ぐらい）柔らかくしたものを、口で吸って、口中でボンボンを出かし、その根元を糸でしっかりくくる。余分な葉は切り取り、ボンボンの頭に穴を開け、口に含んで鳴らす。これはオオバコでも同様にされるのだが、ボンボンを作るにおいては、よろくし頼んだり、脅したりした。

袋に　なーれ
叺《かます》に　なーれ
（八戸市是川）

ちーちも　はーはも破れんな
破れたとこへ　灸すえるぞ

これは三重県宮川村茂原の唄、ユワナ（ウルイ）やオオバコでやる。ちーちは、葉に吸いかかる時の音から出たのに違いない。次の京都府日吉町新や生畑では、遊びをチチブクと称して、「ギボウシでチチブクしました」、また「ハコベ（オオバコ）の葉もチチブクになる」という。

そんなわけでこれには、

ホウズキバ　三重県四日市
ホンズケパ　秋田県井川村
フウズキパ　千葉県市原市
ヤマフージッパ　〃　茂原市

の名があるのだ。

ウルイの葉は、尻拭にも使われた。「ウリの葉はなめっこくてよい。冬だば藁とか蕗葉かげ干ししたもの使う」（秋田県森吉町）

いわまめ――イワナシ

野山に自分だけの食堂をもっていることは楽しいことである。毎年同じように花が咲き、そして実がなり、今年もそろそろ良い時期ではないかなといって食べに出かける。いや、正直いえば花の落ちたあたりから何度か訪問している。

このイワナシは草のように地に伏して生える小さな木で、葉は平べったく重なり合って、造花の葉のよう。春先に薄紅色の筒状の花を、狭いところに窮屈そうな格好に咲かせる。果実は丸く平べったい小さなもので、表面が四つに軽くくびれており、中の身には表面に梨の果肉にあるような小さな粒々がある。これは初めは白色で、それから茶色に、充分熟れると今度は真っ黒で、ゴマ塩のようになる。私どもはこれを「オハグロがついた」といっていた。

このオハグロ、京都の宇治田原町郷之口では「かねつけ」で、「蟬がなくとかねつける」という。同じく日吉町新では、五月、田植え頃にかねつける。「かねついたらおいしいおすぜ」というが、子どもはかねなどつくよりずっと前、「花落ちから行く」のだと、私どもと同じことをいう。

同じく園部町口司の細見イカさんは、「イワナシがはじけてかねつけとる」などといい、「一升取って来た」「二升取って来た」といって、園部の町に売りに行った。また店でも売っていたという。

東北山形の白鷹町でもイワナシを小さく束ね、一束五厘で売っていたそうだ。

おはぐろのついた実は、充分実の熟れたことを知らせるために、酒を醸したような甘い香りをあたり一面に振りまく。独特の発酵臭からであろう。

その食べ方。

ヘタのところを千切り、それを口に向けて栱腹を指で押すと、中身だけが口に飛び込む。

ぎしゅぎしゅ ――ギシギシ

奄美大島を訪れたのは昭和五二年二月であった。名瀬について翌々日、少し南の朝仁《あさに》の村で天理教会で宿をもらい、それで安心して散歩に出たら、田んぼの間の道で一人の大柄なおばあさんに会った。もうこちらでは浴衣なのである。それを丈短かにまとい、杖をついて、難渋しながら歩いている。いい相手だと待ち構えて会話に入ったものの、ことばがまるでわからない。仕方なく道端の草をちぎって「ぬーちがいう（何という）」とあやしげな片ことを発するだけ、こたえてくれた名前も、何なのか、それとも名などないといっているのか見当がつかない。ただ、ギシギシの葉っぱにだけはギシギシといっているようだ。聞き返すと、そうだギシュギシュだ、ギシュギシュだといって、二本を交差させるしぐさをする。どうやら、わらぶんきゃ（子どもたち）がこうして遊んだといっている風だ。

それはどんなことかぜひやってみてくれと、新しい葉っぱをとって押しつける。しかしそれは気に入らないらしく払い落し、繰返し何か叫ぶ。とうとう業をにやしたらしくこの人は、恐ろしいほどぐらり体勢を傾げて、土手に大きく片足踏み出し、大株になっているギシギシの根元をさらうように、長い柄つきの葉をとった。その一本を左手に握り、右手に持ったもう一本の軸をササラをするように前後に動かして「こうしてギシュギシュさせて遊ぶ」、また「ギシュギシュなりましょうが」というのであった。東ツルさん、八九歳だと教えてくれた。

そういえば、この草は葉を握っただけでさえなめらかな中に、スポンジでも一層入ったみたいにシュワシュワ鳴るのだ。これの若芽は山菜として広く食べられている。つかみ抜かれる折にもその特別の鳴り音は人々の注意をひかずにいなかったことだろう。

大島のさらに南の沖永良部島《おきのえらぶじま》でも、茎と茎をこすり合わせて遊んだことは同じ、その時ギーとなるというので同島国頭《くにがみ》ではギーギークサ、屋子母《やこも》ではギュウギュウクサといった。屋久島麦生《むぎお》のジクジク、五島奈留島田尻のジキジキ、また鹿児島県山川町山下のギッチョギッチョ、果ては愛知県渥美町堀切のギチギチ、滋賀県土山町青土のゲジゲジ、みなこの鳴り音から出ているのだろう。

ギシギシはスイバと似ているが、大型、そしてスイバのようには食べられないので、それぞれの地でいうスイバに牛や馬の名を冠して、

ンマノスカスカ　秋田県由利町
ンマスカンポ　宮城県丸森町、福島県矢祭町栗生
ンマスッカンボ　栃木県足利市松田、栃木市尻内

ンマズイコ　佐渡金井町千種、岐阜県根尾村越卒
ウシズイコ　佐渡両津市大野、羽吉
ウシスイモン　京都府日吉町佐々江）
ウシダンジ　兵庫県市川町保喜
ウシシンザイ　隠岐西郷町都万目
ウシスイバ　広島県豊栄町飯田

また、

ヘビズッパ　静岡県修善寺町
ヘビシンザイ　岡山県八束村下福田
オオシンザイ　同右、中福田
オトコシンザイ　島根県松江市新庄町
オトコスイスイ　兵庫県氷上町賀茂
イヌスイコンボ　愛媛県野村町荒瀬

などと呼ばれる。

ギシギシの若芽は前にも触れるごとに菜になっており、岩手の葛巻町星野ではシノベと呼んで、春先早く伸び出たばかりのところを食べる。大きくなると酸っぱくなるが、小さい時はそうでもなく、「茹でて食べると少し酸っぱくておいしかった」という。山形の温海町木野俣や関川ではギシギシはダイオウと呼び、雪消えのところに真先に出るこれの、黄色っぽい一〇センチほどの若芽を食べる。酢物などにし、これを食べると春の青物（山菜）あたりがしないとの伝承である。

新潟の潟東村《かたひがしむら》遠藤では、ダイロッパ（ギシギシ）をまたオカジョンサイとも呼ぶ。春に茹でて酢味噌和えにし、ぬる味があっておいしい。陸《オカ》のジュンサイなのである。

秋田の中仙町清水のトキエさん（明治三八年生れ）によると、当地ではシマスカナ（ギシギシ）の若芽をことにシクシクと名付ける。料理にすることはなかったが、子どもが生で塩をつけて食べた。シクシクという可愛らしい名前にも、例の擦り音の再現を見ようか。

ギシギシの若芽ははじめ三角帽のような白い膜の袋をかぶって一株に幾本か出て、六、七センチになると膜を破って葉が伸び出す。この時分の若芽の根元には粘液に包まれ、引きちぎろうにも滑って、手許には膜と葉先しかよこさなかったりするのだが、この折、これらはこすれて忙しない鳴き音を立てるのである。茎をすって音を立てさせる遊びも、たまたまなる子どもの発見ではなくて、これを菜にしていた時分からの経験だったのかも知れないのである。

ギシギシの種を、「蚤の舟」とするのはユーモラスである。宮城や福島では六月一日の〝むけのついたち〟に座敷にこの実を撒き、後掃き出して、蚤がこの舟にのって退散するのだと伝える。宮城県の白石市小木倉や、角田市高倉のやり方は、むけのついたちの朝、ギシギシの実のついた茎を茎ごとに折り、それで各座敷を叩いてまわり、唱える。

蚤の眼《まなぐ》　つぶれろ
（小木倉）

蚤の腰は　折《お》っちょれろ
虱の眼《まなぐ》は　つぶれろ
（高倉）

高倉ではこうやることを「蚤の腰を折る」といった、と大野よねよさん（明治二三年生れ）が畑で草をむしりながら話してくれた。

ギシギシには実が重たいほど房につく。薄くて丸い、羽根のような実ながら、糸で貫いたように、それ以上は限度とばかりに、押しくらまんじゅうの競り合いのごとく取りつく。行事に持ち出される草は、死にがたい草や、勢旺盛なる草などだが、子沢山もまたそこに加わるものである。

伊豆の下賀茂で中年の婦人の聞かしてくれた名前は面白いもので、

ウシノノンノコシ

「牛の蚕の輿」であろう。

ここでは、ノンノコシがスイバのことなのである。ギシギシほどではないが、これも実の房を重なりつける。

甑島《こしきじま》の下甑島浜田では、シイジン（ギシギシ）の実を枕に入れる。佐渡の両津市大野でもウシスイカ（ギシギシ）の実を枕に入れると軽くていいという。

このことは沖縄でも聞いている。与那国島比川ではギシギシをチッツァとか、チッツァノハと呼んでいたが、その実を枕に入れるという。

奄美大島、名瀬市朝仁で徳キヨさんもこの実をすぐって枕に入れることを聞かせた。ここでのギシギシの呼び名は、スグリグサというのだが、この時「すぐってとるからそういうじゃろう」とのキヨさんの考えであった。それからギシギシの実を使うのは「蕎麦ががらがないからだ」と。

でも、蕎麦がらの代りだというのはどうであろう。枕には、においの強いものだとか、菊の花だとか、特別に名差しするところがある。金物を枕の下に敷いたり、刺あるものを敷いたり、菖蒲を敷いたりするのと同様、枕は魔よけの使命を帯びているようなのである。

甑島にはまだ幾つかの違う呼び名があり、手打の部落ではタンポポという（タンポポは島にはなく、ノゲシのようなのをタンポポと呼んでいて、これとも同名になる）。タンポポの実をままごとの茶にし、葉は海苔にして、花や葉っぱを芯にして巻き寿司を作った。切り口が美しい。

鹿児島県喜界島川嶺で聞いたこれの人形も可愛らしい。シビ（ギシギシ）の葉、三、四枚の根元の方をくくり、葉を叩いて洗うと繊維だけになる。それを髷に結い、カンクビリ（髪しばり、タケナガ）をつける。名前をシビッチュウ（シビの人）と呼んだ。

すうめ――ツルソバ

そういえば、大隅半島の辺りからもうこの草には気付いていたのであった。イタドリとそっくりな草で、ただ向こうは立っているが、こちらは寝ている。細い細い、鉛筆の半分位の茎で虎の杖ではないが、それこそ杖がなければ立ちゆかない懸崖《けんがい》のように、横に横にとつるを伸ばしている。私はこれをイタドリの痩せたのとばかり思っていた。南のイタドリはなんて貧相なのだろうと、そうばかり思っていた。二つがまったく別物だと知ったのは、それから船で渡った薩摩半島の山川町で、土手の上にニョッキと立った時期遅れの太いイタドリと、その足許の石垣に肘枕して寝そべっているこれらを並べて見た時である。改めて眺めていたら、図鑑で見たツルソバの名前も想い出した。暖かい地方の海岸近くに生える草だという。南ではイタドリよりもこれを多く食べる。

薩摩半島最南端の山川町、海に沿ってその隣りが開聞町《かいもんちょう》、頴娃町《えいちょう》である。この辺りでは名前をイオンメ、またイオンメンハという。蕗《ふき》みたいに折りながら皮をむいて、味噌とか塩をつけて食べる。また葉の上に、小さく折った茎と塩をのせて揉んでも食べたし、塩漬けにもした。

イオンメというのはイオ（魚）の目なのだという。後になると枝先に固まって実がなり、その実がイオのめん玉みたいなのだという。私は一番最初に山川町の大山でイワンメと聞いて、なるほど岩の上の梅かと思った。ほんとにこれを噛ると、イタドリよりはずっと酸くて青梅を噛る味によく似ている。しかし五島まで行ったら決定的な名に逢った。五島の福江島でも、宇久島《うくじま》でもボッポノメという。ボッポは、ここらで魚の幼児語である。

もう少し名前を並べると、

イノメ　伊唐島
イオメップ　福江市大浜
チチボッポ　宇久町山本
ボッポンシャ　玉之浦町中須
ヨンメンコ　阿久根市黒上
インノジゴ、インノツブ、ジンジンメ　天草
ジンジロメ　長島
ボロミ、ボロンミ、ゴロメ、ゴロンメー、メップ、メッポ、メックン　五島
スウメ　甑島

皮をむきながら短く折ったのを器にとって塩を振り、上に葉を被せて、その上から肘をついて押しをかける。その者の肩にもう一人乗っかったり、背にのしかかったりして、傍の二、三人も重しに協力した。直ぐ食べられるようになったという。漬けてる間には唄もうたった。瀬上の唄、

しーまれ　しーまれ
しーまらんと　いうと
平良《たいら》の　やさぼうが
いちかんけい　来っぞ

「やさぼう」は伝説上の悪童、「いちかんけ」は一番早く食いにということだという。以下のは里村のである。

おんじょも　ばあじょも
犬《いん》ちぇて　猫ちぇて
かみきゃー　くいちゅで

はよ漬かれー　早よ漬かれ

おんじょとばあじょは、おじいさんとおばあさん、ちぇては連れてである。犬せて、猫せてともいう。天草辺りから向こうでは、食べることを噛むという。「もっと噛めやー」、「その貝も噛めやー」、「芋の揚げたのも噛めやー」

とーとーばっち　とーばっち
あんがの　あんじょうが
てーご持って　皿《さーら》持って
噛《か》みきゃ　くいちゅで
早ようしおたれ　しおたれ

「あんがのあんじょう」は「お前の姉さん」、てごはざるのことである。

甑島《こしきじま》は上と中と下の三つの島になっていて、今まで挙げた瀬上も里村も上甑島であったが、一番南の下甑島に内川内《ウチンコウチ》という村がある。裏側の海岸で、山を越えなければならないので昔は辺鄙なところだったらしい。今は自衛隊のなにかが出来て、反対に島で一番便利なところになったと、浜田で一人のおばあさんが弁護をしてから、次のような唄を教えてくれた。

河内ァ山ん中　しおけも持たん
やねのスウメを　漬けて出す

「屋根のスウメ」としてしまうといかにも物凄くなってしまうが、この辺りでは家の四周は、通りから一段高くなって、石垣を積んだりしている、この敷地の肩をやねというのだという。そういえばスウメはこういうところには必ず気ままげに茂っているのである。シオケはお茶うけのこと、以前は漬物ばかりであった。

魚のめん玉んごとある実は、緑色から黒になると食べられる。あたり中いっくらでもあるからよく食べられもしたし、また遊びにもされるのであろう。黒い実には薄いインクのような汁がいっぱい詰まっている。その実を指先につまんで一方の手の甲にピチャピチャ汁を落して、それから後で甲の汁を舐める。その時の長島指江の唄、

チョボ　チョボ
子連れて　走れ

チビチビ　ごう
子を持って　走れ

甲の玉が、そばの小さい玉を引っ張って行くからである。ここでは、ツルソバをチョボチョボ、チビチビ、またチャプチャプという。

甘酒 ――エンレイソウ

大きな葉が三枚、茎の頂点に付き、その上にまた細い一本の軸を出して一個の可愛い花をつける、となるとこれはエンレイソウの類しかないようである。花の終った後に矢張り一個の実がつき、それが甘くて大層おいしい。実はポヤポヤしていて、種はちょうどホウズキのようである。エンレイソウには、幾つかの変種もあるらしい。

秋田県の東成瀬村や山内村、岩手の沢内村、湯田町ではミツバという。春の桑とり時分に食べる。山内村で、根は水仙の球根のようで、味はマサツブ（イガホウズキ）のようだという。隣りの皆瀬村ではミツボ、丈は六〇センチ余に実のつく柄が三センチくらい、日陰とか沢などに生える。実は青色のまま柔くなり、長めの丸型、五月頃たべ、中の種はホウズキのようである。

山形の真室川町の西郷ではグルグルミ、風が吹くと長い柄の先の実がグルグル周るからだ。宮城の鳴子町鬼首のブリブリの名もそのようないわれだろう。岩手の岩手町と葛巻町では二つの種類がある。青い色に熟むのと、もう一つ黒になるのとである。そしてまたその中にも丸型のと角ばっているのと二つ

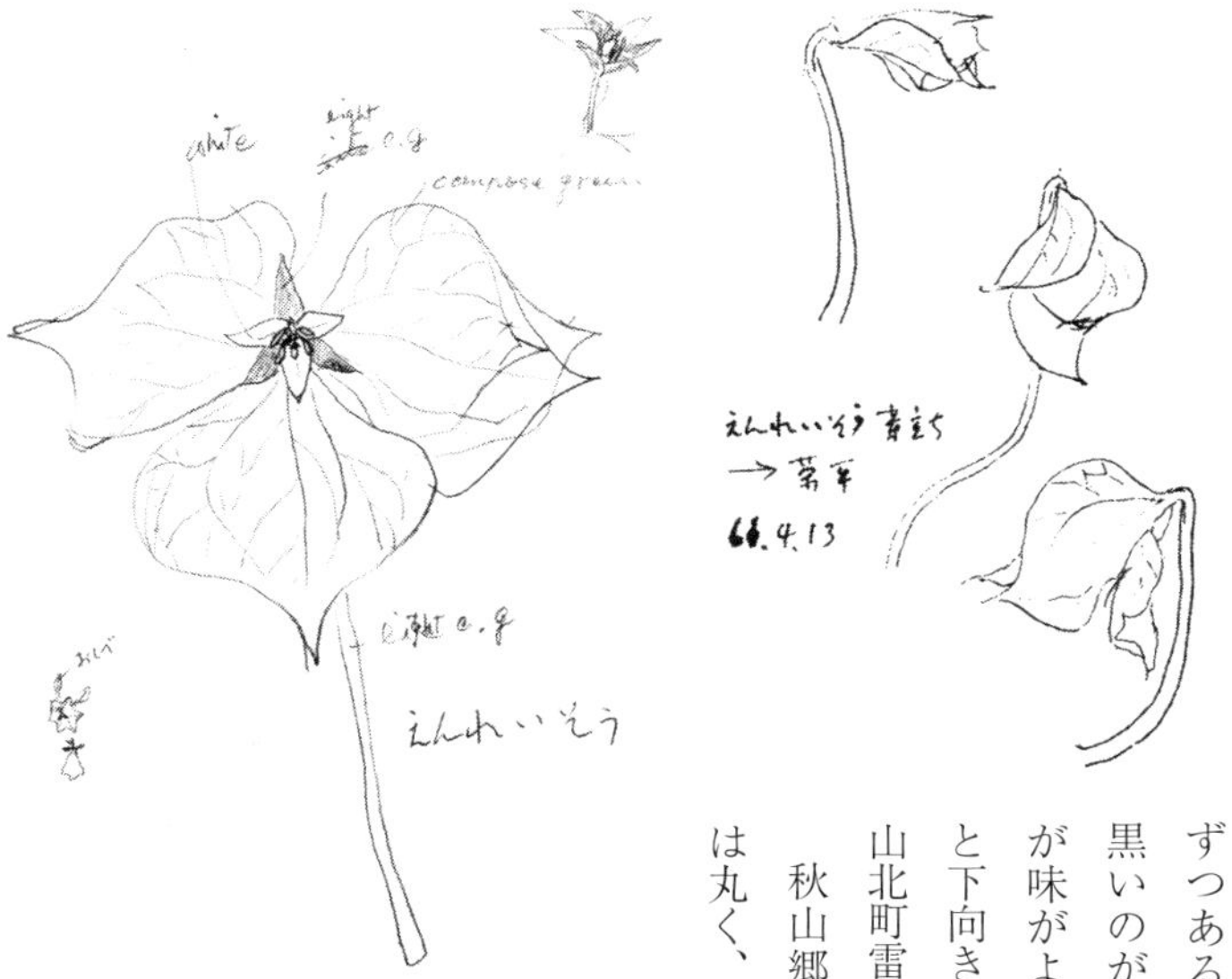

ずつあるという。ただしこれは人によって青いのが角で、黒いのが丸だという人もある。葛巻町の星野では、青い方が味がよく、甘味も少し多かった。青・黒いずれも熟れると下向きになる。岩手町大渡のヤマソバは実が三角、新潟の山北町雷のゴロビキも、実は青く少し角ばっている。

秋山郷の小赤沢ではガジツ、柄は五〇センチほどで、実は丸く、深山のものは柄も大きく実も大きい。

宮城の海岸寄り石巻に近い、河北町横川で、六月二十七日、ちょうど熟れたのを見つけて食べてみた。実の大きさは一センチ二ミリぐらい、はち切れそうにふくらんだそれは、一箇でも充分満足を覚えるほどの、一種発酵の加わった風味のいいものであった。

これを「甘酒」と嬉しい名で呼ぶのは、岩手県玉山村城内の子たちである。

ぱっちりばな ──ジロボウエンゴサク類

日向市から一五キロぐらい入ったところの東郷町山陰から、橋を渡って西の山手の方に向かう。橋を渡って二〇分もした辺りから、右側の土手にカンナの若い芽がウルイのようになって伸び出し、そしてその間にオドリコソウの花が盛りに咲いていた。五〇年三月の二四日である。

私の村の柿の木の下に生える、冬の霜の落しもののような、白い、淡ピンクのひんやりしたものではなくて、赤紫の色の濃い、大きな、しっかりした花で、花びらを取って吸ってみたらひどく甘くて、子どもの時に吸った味とまったく同じだった。それからしばらく歩く間中、手の中のオドリコソウに気付く度にたいへん幸せになった。

オドリコソウを持って歩いたのは、名前を聞きたいからであった。そこの羽坂《はさか》の部落に入って尋ねると、そんな花など知らないという。蜜を吸ったことなどないという。その代わり、遊びの間でいたずらに蜜を吸ってみたりする花はあった。あれは確かに甘かった。名前をパッチリバナという。

部落に入って直ぐの道上の家で、その辺りでよく作る、姿のままの大きなサバ寿司でお茶を御馳走になり、そこの家の御主人と隣りの家のおじさんと、通りかかった猫車を押した若い嫁さんとでパッチリバナを捜しに行ってくれた。小さな草で、細い細い茎で、頂点に薄青紫の小花を、四つ、五つつける。この花びらをつまんでむこづら（額）に当てて、プチンといわせて遊ぶ。パッチリバナはそれをいう。春先だから、ちょうど今頃あるはずだ、日陰に生える。

やっぱり日陰に、その家の横の庭木の間に見つかった。ケマンソウとも似ているが、違う。日向にありったけの身上《しょう》を広げたのとは違って、優しい物腰で、つましい姿で、でも華やかに、頭の上に花の荷をかづいでいる。草の丈は一七、八センチ。よく立っていられると思うほどの細い茎で、花は細くて筒形、横になって咲く。花の形だけはケマンとそっくりだ。根を掘ってみたら、細い糸のような根にムカゴみたいにいびつな薄茶色の芋が二、三個継ってついていた。後で図鑑で調べたら、ジロボウエンゴサクというのだそうだ。同じ東郷町でも、この奥の仲瀬や野々崎や坪谷など

ではカッチリバナ、南郷村ではカッチングサといった。

山口の鹿野町と島根の六日市ではチチバナという。根にマメがあり、茶の木の下によく生える。蜜を吸った後の花は食べたりもした。ここではスイカズラも同名である。琵琶湖の東、木之本町ではコベウチバナ、額にピッチン当てて遊んだ、蜜も吸った。

岐阜の坂内村でゴマメというのはなんの意味だろう。ここら辺では猫メ、バチ（蜂）メ、ジョンジョ（ドジョウ）メ、なんにでも「奴」をつける。ゴマメのメもこれで、メはつける処もつけない処もある。春、薄青い花が咲き、尻を吸うとプチンと音してアメがある。茶園に多い。根の芋の皮をこそげて、中の白い身をおしろいにして遊んだという。

こんな小っちゃな花びらで天気占いを始めたのは、この坂内村の奥、徳山村の子どもたちだ。部落によって名前も変り、村の一番奥、もっと山を進んだら福井県になってしまうという一番端の塚では、名前がテンノババ、

明日天気か　雨降りか

といって額に当て、ポンとなったら天気だという。

一つ手前の櫨《はぜ》原では、

チノババ　チン

名前をチノババという。

戸入部落はまた別の谷、揖斐川《いびがわ》支流を入ったところ、名前はヒイチガリという。

明日照るか　今日照るか
天のババに　問《と》ってみよ

どこでも蜜を吸う。

前に秋田の皆瀬村湯ノ沢で聞いた時は皆目見当がつかなかったが、ンバチチという草も多分これであったろう。

ンバチチは春の早い草で、小豆撒く前にはもう終わる。葉は大きく裂けた上になお小さくギザギザに裂け、丈は小さく、花は幾つもつける。花を一つずつとって、尻の方を吸うとポッツと言って甘い蜜が出る。大層甘い。何本も抱えて蜜を吸った。花は薄紫色、他に黄色い花のがあり、こちらはヘビネコスコといって食べられない。ンバチチよりも大柄、ひどく臭く、そばに行っただけで臭う。黄色い花というのは、最初の九州東郷村でも、パッチリバナに黄なのもあるといった。キケマンのことであろう。皆瀬村と少し離れた東成瀬村では、黄色いのをヘビノツツコ（蛇の乳コ）という。

先年、山形県新庄市から分け入る大蔵村のあたりを歩いたが、奥の上熊高でホケチョバナと聞かしてくれたのがこれだったらしい。「花をとって吸うと、ポンといって尻から蜜が出る。一〇センチから一五センチぐらいの草丈で、花は藤の花みたいな形と色をしている」、大久保のぶさんがいった。その奥の沼ノ台で明治三七年生れの三原みつをさんは、「ホケチョバナは吸うとポツンと裂けて甘い。ホケチョ（時鳥）がなく頃咲くから、ホケチョバナだべ」といった。

昭和六〇年、奈良県の十津川村上葛川で久し振りにエンゴサクの類とおぼしき草を見て、遊びをするか、蜜をすうかと問うたら、ちよさんはこれは臭い草でシビトグサだと教える。花は赤紫である。皆が嫌う。「ようまさる（増える）さけね」と。

根の玉も、ジロボウエンゴサクの歪んだ形と様変りまん丸の福々しい様子、大きさも一まわり大きい。臭いはそれほどとも思えなかったが、根の玉をかんでみたらひどく苦かった。

蜜を吸った中には、また、額に打って遊んだ中には、この花も加わっていたのだろうか。また、根の玉を白粉にしたというのは小さいいびつなジロボウの方か、充実したヤブエンゴサクと見られる方だったのだろうか。

岐阜の坂内村川上ですまさんと、かたきさん、かずえさんは、根の玉を「手拭《てのご》いの隅《すま》こなどに包んで叩きつぶし、しもらかいて（澱粉沈ませて）、白粉にして遊んだ。それで草の名前がオシロイグサや、オシロイバナである。

和歌山の熊野川町小津荷で石垣に見付けた草は、十津川村のシビトグサと同じ物だった。蜜を吸うことがないが、花の先をつまんで手の甲や額にはじき当てて遊ぶ。パチッとなるという。名前はカチカチ、ここども比較的近い三重県熊野市神川町神上で、えつさんのいうのは同様の遊びでカッチンバナの名であった。

機織芋《はたおりいも》――ツルボ

昭和四六年の五月は信州を歩いた。月の半ば頃は下伊那にいて、一晩、飯田市北の上郷町で「一富士」などという旅館に泊っている。次の朝はどちらの方向に向けて行こうとしたのであったか思い出せないが、まだ田舎じみた道の途中で、小さな農家の前で洗濯していた小さな柄の婦人からこんな遊びを教えられた。

春先、川の岸とか土手などに葉っぱだけの草が出て、それを掘ってみると根にノビルのような丸い玉がついている。その玉を沢山集めて来て平たい石の上ですりおろすとたいそう粘りの強いドロドロしたものになる。それをこんどは両の掌にすりつけて、手を合わせたり離したりしていると、間に細い糸を何本も引くので、これを前もって地面に立てておいた二本棒の間に張り渡して「機織だ」といって遊んだ。草の名を「機織芋」といった。

私は昔の子どもの遊びを集めて旅をしていたので、また新たな遊びが聞かれたと、疲労から少し立ち直り、ふたたび元気が戻ったのであったが、「機織芋」がなんの草なのか一向に解らない。もう少し詳しく尋ねるに、葉は韮《ニラ》よりも細く、濃い緑色、厚ぼったくて艶《つや》がある。丈は二〇センチほどで、根元からまとまってぞっくりと出る。花は咲きはしない。

実物を見たいと申し出るこちらに、その人は「この辺ではたおりいもは見かけんな」とそっけなくいう。子どもの時分に遊んだもので、実家は、これより三里ばかり南に下った駒場というところから、さらに三〇分ほど山に入った村だという。

私は、その、どちらやらに向いていた足先を駒場に向けて、「機織芋」さがしに出掛けることにした。飯田の市街地を抜けて南に一二、三キロ、三州街道に沿った駒場は、このあたりでは主だった宿場町だったようである。すでにここは飯田市を外れて阿智村になっていて、村役場の置かれているところでもある。さて、村に入ってさっそくに機織の遊びは聞くことができた。通りで出逢った、村の最奥の横川から用で出て来たという七〇代のおばあさんは、二本棒ではなく、股木の間に糸をからめて、その折は、

女《おんな》　機織れ
男《おとか》　木《き》を伐れ

とうたったそうだ。

一緒にいた若い男性は、これには「女機《おんなはた》　女機」といったというが、右の唄の粗末になった形であろう

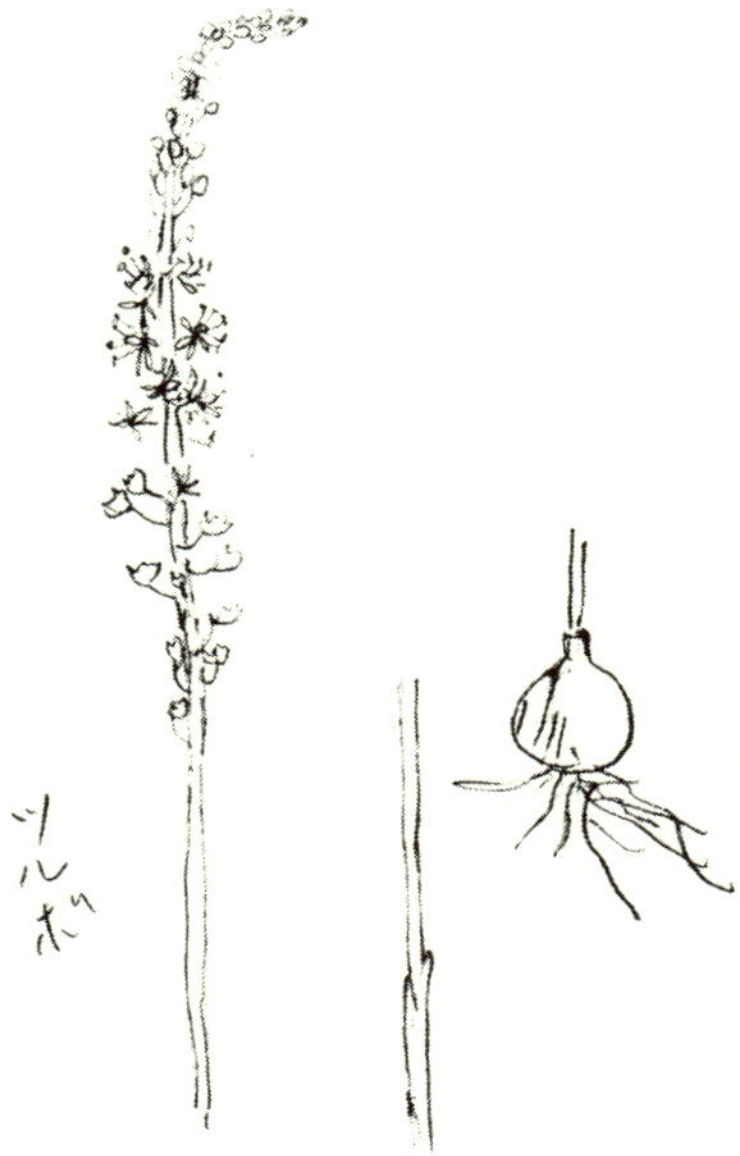

か。また中年の女性一人は、芋は洗わずそのまますることを教えた。洗ったりしては糸の出がよくない。出来た物はほんとに一枚の布のようになるが、それをする課程が面白いので「出来上がったものはどうすることもない。こわしてしまう」と。

　けれども、話を聞いた後で、その機織芋を見たいと、当方の望みを伝えるに、誰もみな「そりゃあもうない」という。春早く、いちばんに萌出るものだが、そんなに早いだけあって、子どもが一しきり遊び終った頃には、影も形もなくなってしまうのだという。

　地に帰ってしまったのでは、もはや追う術《すべ》もないであろう。ふたたび目覚める来春にでも尋ねる他はないと思ったのだったが、思いがけなく私は、岐阜でこの草を見ることになった。

　長野を出た後、私は愛知、静岡、富山、石川、福井と経めぐり、そして八月二一日には岐阜の白川町にいた。白川は県南東部、美濃加茂市から飛騨川に沿って二つばかり町村おいてさかのぼった地点にある町で、飛騨川が町の端を流れる他にまだ三本の長い川があり、その名がなかなか面白い。つまり、東南、恵那市の方に向かって流れるのが赤川、町中を東にさかのぼるのが黒川、それから、黒川をはさんで、白川街道について流れるのが白川である。私はその黒川の、ごく上流、村の名前も黒川というところにいて、久しぶりに機織芋の遊びを耳にした。「機織だ」といって遊ぶ、そのなしようもまったく同じである。今になって改めて地図を広げれば、岐阜に接する長野県阿智村と、県東部の白川町とは比較的近距離にあるのだ。ただ名前だけは「機織芋」ではなくて、「こけんじょろ」に変った。

そこから川下に向かって歩く間、問いかけた人々はみな「こけんじょろ」をよく知っていた。ただし、その草はといえば、これも共通して、「春たくさんあったのに、今は見えんね」などというばかりだ。

そのうち、「うちの裏の畑っ端《ぷち》にはぞっくり生えてる」と、はなはだ豪気なことをいい出したおばあさんと道連れになった。今もあるでしょうかと例の否定を予想して尋ねたのに、春のほどにはないだろうが、幾らかならそりゃあ、あるだろうとの力強い答え、このおばあさんについて行くことにする。

私たちは左手に谷川を見ながら下にくだる。おばあさんの歩みはいかにものんびりだ。こちらは普段の歩巾を三分の一ほどにせばめ、それになお足踏みもくわえるようで、背の荷の重みもいつになくこたえる。ここから小一里（四キロ弱）下ったところで川を渡り、さらにだいぶ山に登った先が家だという。後で聞いたら小坂という部落であった。

ところで、私が家までついて行くといったのが本気だと知ると、おばあさんはだんだん拒絶反応を示しだした。「やっぱりあれは春だけだったかも知れない」と呟く。「そうでないでも、じつはこの間そのあたりの草はすっかり刈り払ってしまったから、もう行ったってても捜せない」「ついて来たって駄目だぞ、わしが家は、橋を渡ってからだってまんだまんだ、まんだまんだ遠いのだ」。歩みだってさらに何倍もゆるくなったようなのである。

小坂などという地名にはきわめて大きな偽りありの大坂を越え、無住のような一、二軒の家の軒すれすれに際《きわ》を通り抜け、さらに登りに登った高みに一軒あるのがおばあさんの家だった。彼女は私を家に入れることをしない。その代わりに、汗を拭くいとまもなく、鍬を担いで出て来てくれ、物もいわず裏の畑に直行し、そしてこれはまあ滅多矢鱈とあたり一帯掘り出した。やはり葉は見えないが、根だけならあろうはずだというのである。

私には暗い先が見通されて、手伝いを申し出る元気さえもない。ただあたりに目をやっていたのだが、その、畑ともいえぬ草わらの処々に、ことにもおばあさんのすさまじく掘り起した附近には、今まで見たことのない、ヒヤシンスをごくごく細身に優しくしたような花穂が幾つも立ってひそかに風に揺れていた。美しいと思った。

ふたたび下の道まで戻り、こんどは川を渡らずに左岸の細い道をたどって行くことにする。家がところどころに現れるが、人影はまるでない。二キロぐらい進んだところで、やっと畑で鍬を使っていた眼鏡をかけた中年の女性を見て、「こけんじょろ」を尋ねた。この人はくわしく事を語ってくれた。

「こけんじょろはまた機織芋ともいう。根の玉は春は形が小さいが、粘りがうんと強い。これを掘るのはけっこう厄介、地中七、八センチと深いので素手では掘ることが出来ない。実家はここから一里ほど山に入ったところだが、家の裏の土手にはこれが一面に生えている」

ここで彼女は急に目を細めて遠くを思いやる表情をしていった。

「今頃はちょうど花が真盛りだろう」

私の頭の中ではさいぜん見た優しい花の姿がちらちらした。今この人の語り聞かす花の様子はまさしく彼等のものである。

私はまた大坂を登った。可愛想なおばあさんはほとんど飛び上がらんばかりにぎょっとした。しかしこちらはそれにかまわず、まだ庭の隅に置いてあった、泥もついたままの鍬を借りて出、花そのものを掘り起して遂に根球を手中にした。

後で図鑑でみたら、これはツルボというものであった。彼岸花と似て、早春に茂った葉は間もなく枯れ、夏になるとまた改めて茎を出して花を咲かせる。それにしてもこの植物について、「花は咲かない」といった人の多かったのは不思議なことだ。花と葉と別々というこの草の特殊さもあるのだろうけれど、遊びの対象外に対する彼等の冷淡さ、こんなものなのだろう。

昭和五〇年の旅の折、鹿児島西端の伊唐島《いからじま》でまた変った可愛い遊び方を耳にしている。根の玉を幾つも集めて石の上ですりおろすまでは「機織」と同じである。ところが、こちらでは、それをヨモギの枝で打ち叩きあおぎ立てる。どろどろのものが綿飴のようになり、雪となって白く片々と舞い立つのを楽しむという。

茶摘苺――クサイチゴ

秩父でツチイチゴ（草苺）の花が咲くのは、陽当りのいいところだと四月の二〇日頃、そしてこれから一か月ほどした五月の末から六月上旬に食べられるようになる。ちょうど茶摘みの時期に当っていて、茶も芽の伸び方の遅い早いによって摘む時期が違うが、苺の方も、これに合わせて早かったり遅かったりしている。チャツミイチゴと呼ぶのは兵庫県の千種町である。

南に向かっての旅で最初にこの苺に出合ったのは、阿久根市の脇本というところから長島に向かう道で、五月の五日であった。やっぱりこちらでも茶摘みをやっていた。その茶を摘んでいる人たちに名前を聞いたら、この辺ではただイチゴとしか他には言わないという。

甑島《こしきじま》でノウシロイチゴというのも、熟する時期から名付けた。苺の中では一番早いという。徳島県の佐那《さな》河内村《ごうちそん》や神山町でいうムギイチゴの名も、五月末の麦の色づく頃が苺の食べ時だというから同じことであろう。この苺は里にもあるが山の中にも多い。

大分県の緒方町木野では、これをヤマイチゴと呼んでショウケ（ザルに手のついたもの）に入れて、かいかた

げ棒で担いで近くの竹田市に売りに出たものだったという。

草苺ではもっと多く呼ばれるのに、カマイチゴ系がある。初夏の陽の下で、触ったら少しねっとりするのではないかと思われるぐらいに赤く熟んだこの実をそっとつまんで引っ張ったら、ガクのところの芯は向こうに置いて来て、手許には小さな粒々のお椀だけが来る。中が洞でちょっと水でも張れそうである。

そんなわけで釜苺の他には兵庫、高知、愛媛県のナベイチゴ、宮崎のヤカンイチゴ、平戸市のカンス（茶釜）イチゴ、それから京都府宇治田原町のホウラク（焙烙）イチゴ、天草のフクロイチゴなどがある。

隠岐では、西郷町や五箇村でヘソイチゴという。当初、なんでヘソなのか解らなかったが、五箇村にある隠岐郷土博物館で、機織り具を陳列したところに麻の「ヘソ」が二つ並んであって、なるほど、これかと思った。

麻ヘソとは、細くつむいだ麻を玉にグルグル巻いたもので、後で近くのおばあさんに聞いたけれど、あれは親指を芯にして巻き初めるのだそうである。上に小さな口があってそこから横に太っていびつであるが、ふくべの下半分の丸いところは、魚を入れるビクのような格好になっている。

なれこっぷ ――ウマノアシガタ

昭和五〇年四月一〇日、九州大隅半島もごく南端部になる田代町の田舎道で、学校帰りの子たちと道連れになった。田代小学校の生徒だといい、低学年から四年生ぐらいまで男女合わせての四、五名だ。恥ずかしいのか、この子たちはほとんどことばを交わさない。しかし、少しの関心はあるのらしく、前になり後ろになりついて来て、そして中の一人が笛など作って吹いてみせた。道端の田圃や溝のそばに、ちょうど黄色い小花をつけているウマノアシガタが材料で、中空の茎をそう長くなくちぎって縦に吹く。タンポポの茎やアサツキと同じ形であるが、ウマノアシガタが笛の仲間に入るのを私ははじめて知った。その後一刻、私たちの道行《みちゆき》は大・小さまざまな笛の音に囲まれることになったのだったが、それではきっとこの草には笛に関わる名が聞かれるのではないかと思ったところ、この子たち、小さな声で教えてくれたのはクソグサであった。

この田代町より、私は隣の大根占町《おおねじめちょう》を経て薩摩半島に渡り、北上して五月の六日には、天草に渡る間の長島にいた。島はちょうど茶摘みの時期であった。長島に入って直ぐの山門野《やまどの》というところで茶摘み

をしていた中年から初老にかかる婦人ら五、六人、茶の木に取りつきながら、いっとき相手をしてくれた。この人たちはウマノアシガタをナレコップと呼ぶ。そして笛の作り方が少し違った。枝別れしている節をこめて切り、節から末の部分はつまみ切り、たいてい節に添っている葉などもむしり取って、節近くの本体に縦に爪で割れ目を入れて吹く。吹く前には両掌の中でちょっと揉む。その揉む時には唄をうたった。

なれこっぷ　なれこっぷ
ならにゃ　裏の山にうっすっど

うっすっどは「打ち捨てるぞ」だ。
この人たちはみんな山門野の者といっていたが、同じ村でも結構違いは大きいのだ。一人の若手の活発そうな婦人が、私たちなら、それはナレシャップだったといった。唄もこんなになる。

なれしゃっぷ　なれしゃっぷ
ならんと向かいの　小便桶《しょんべんたんご》へ
つっこむ　つっこむ

その上、こうして笛に脅しをかけて揉んだあとに、

ほっだほっだ　めんためんた

といって、笛を押しいただいて鳴らしたそうだ。察するところ、田代の子たちの作った単純な笛と違い、こちらは出来に成否があったと見える。
長島に入る前に訪れた甑島《こしきじま》で川内市から嫁いでいるという婦人からも、そちらでの唄を聞いていたのだった。

なれなれ　ならんと

べしなぐぞ

べしなぐは押しつぶすこと。この人は「饅頭《まんじゅう》丸めた後も真中べしなぐ」と教えた。笛の形は田代と同じ茎を短く切り、切り口をちょっとおしないで（つぶして）吹く。ウマノアシガタはボボナレと呼んだ。島根県大原郡木次町北原では名前をピーピーグサ、こちらの笛は節つきの型であった。

図にしたのは秩父でのことで、これはキツネノボタンだと思う。九州のはこれより大型だった。

酸《す》い木《き》──スノキ

一番最初の旅であるから、昭和四六年、兵庫県の和田山町で女スイモン、男スイモンのことを教えられた。次のようなものである。

それほど大きくならない木で、葉は丸く小さく、この葉を春の若葉の頃食べる。たいへん酸っぱい。これがスイモンである。他に、葉に細い毛の一杯生えているのがオトコスイモンで、これは食べられない。ただしオトコスイモンには、秋になると黒いエビ（エビヅル）くらいの実がなり、甘くておいしい。実をムケンジョロという。女スイモンにも同じような黒い実がなって、これも食べる。

私には両方ともまるで馴染のないものだったし、実物を見る機会もなかったから、整理カードでは「不明」の部に入れておいた。しかし今ならよく解る。スイモン、またオンナスイモンというのはこの項で述べるスノキのこと、それからオトコスイモンはナツハゼである。和田山町のこの方は、ずいぶん適切な説明を与えてくれたのである。前の記録のところに、一本の枝に葡萄のように連なった、横に型のあるナツハゼの実と、ナツハゼと違って枝のあちこちにばらばらにつく女スイモンの特徴ある図がつけてある。

前にもちょっと述べたけれど、この二つと、それから赤い実のなるウスノキとは似たところが多い。中でも葉に限ることであれば、スノキとウスノキは見別けがつかないほどにそっくりである。ただウスノキの方は葉っぱが苦いので、噛れば直ぐ知れる。滋賀の上山町でウスノキをニガバとかニガンボというのは、このためである。また木之本町だと騙されるからダマシという。

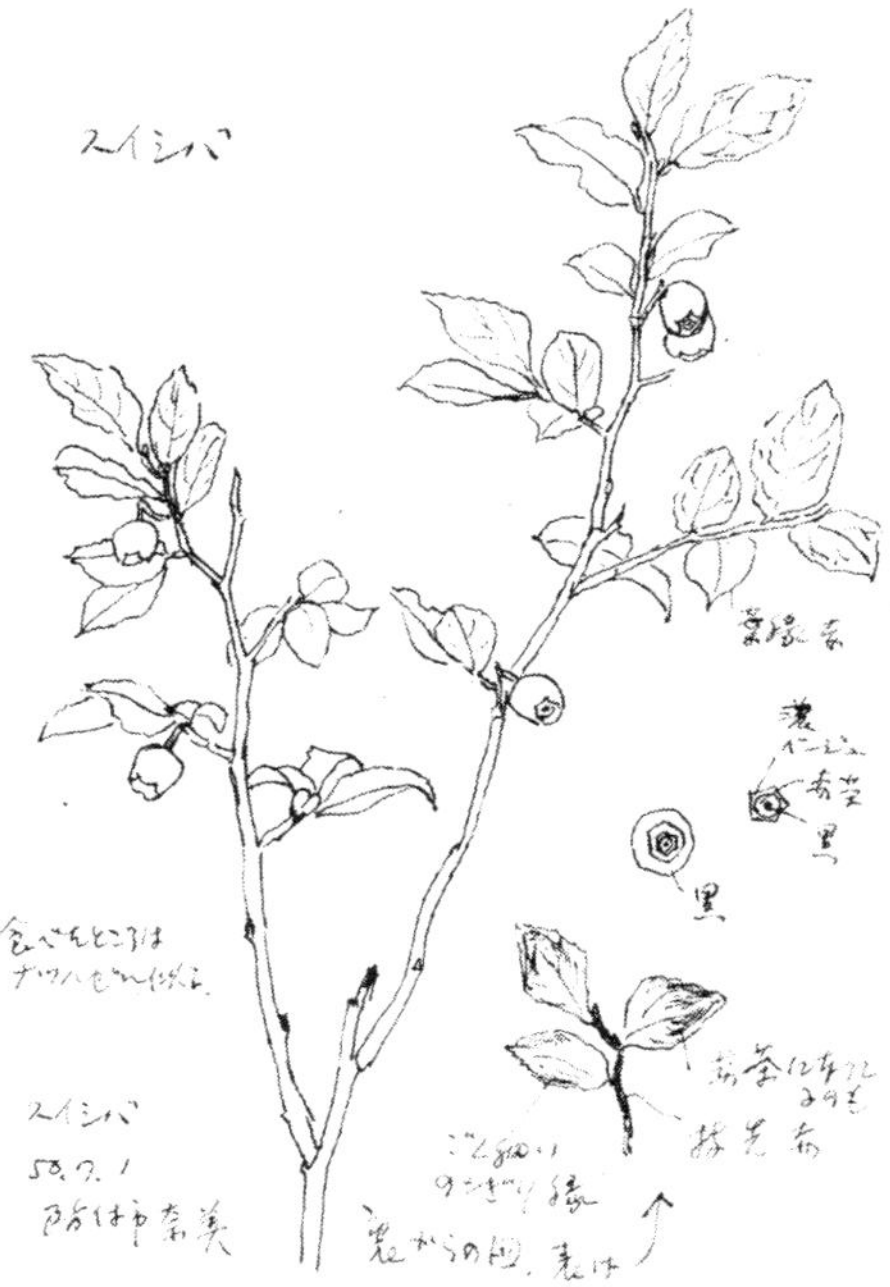

スノキの葉はずいぶん酸っぱい。酸っぱいけれども味はいい。スイバやイタドリの生《き》の酸っぱさでなく、ちょっとひなびたような味である。スイバはアクの強そうな汁が流れたけれど、こちらは搾っても、乾いたような汁が出そうな気がする。

そういえば、これを搾って酢にするところもあった。広島の佐伯町で、明治一九年生れの阿部作一さんが話してくれた。キズ、ここではそうい

う、キズの葉をたくさんこいて来て器に入れ、塩を振ってしばらくおく、漬物みたいになるから、それを強く搾ってその汁を酢として使う。保存することはなく、必要な時にこうして作った。チシャとか大根、ズイキなどを合えてナマスを作った。酢が買えない時とか、また今度の戦争の時もやったという。

徳島県の宍喰町《ししくいちょう》でも聞いていた。この辺り入り山といって山仕事に半期（六か月）も入る。その折、コンメ（スノキ）の葉をたくさんすごいて来て叩いて汁を搾り、寿司にした。この辺は柚の酢と塩を御飯にまぜるだけの寿司をよく作る。ただコンメの寿司は「余りうまいもんであらへんなんだ」という。

子どもたちは、この葉っぱを一枚ずつなど取って食べるのではない。枝をしゅーっとすごいて、掌一杯になったのを口に放り込むのだという。大人も山仕事の折などよく食べた。喉が乾いた時、噛むと唾が沸いて来ていい、それから妊娠して酸いものが欲しい時など、山に馳けて行って噛んだという。

スイバと同じように、塩で食べるというところもある。葉に塩をまぶって、ちょっと揉むようにして食べる。岡山の久米町で「あのまま食ったらすいすい」といったが、ここでの名前はスイスイバ。京都の船井郡や北桑田郡ではスイモンが名前、「あんな酸いもんよけい食べしまへん」、「あんな酸いもんわしゃ食べとれへん」。

スイハ、スイバ、スイスイ、スイスイバ、スイカ、スイコキ、これではスイバともカタバミとも一緒になってしまうが、なにしろどれも皆、食べて酸いところを言いたいのであるから一つ名になってしまう。それで区別するために、ヤマスイバ、ヤマシイバ、ヤマスイコキなどとするところもある。

愛媛、徳島、それから広島の一部のスイキ、これなら草と間違うことはあるまい。岡山でもスイキバ、スイスイキバ、島根県六日市町ではキスイバという。山口、島根、高知に広いスイシバも「酸い柴」であろう。

「あゝ！　酸い」の感嘆詞つきの名前は、兵庫県千種町内海のアスイ、「あー酸い」「あー酸い」と言われるので、そうだ、そうだと合槌を打っていたら、相手は木の名前であった。アスイはアにアクセントがある。

奈良の十津川村ではオカズノキという。

食い花——ツツジ

ツツジの花の咲き始める時期といえば、春の早いスミレが少し盛りを過ぎた頃、それから蕨《わらび》やタラの芽を採りに行って見つけるから、その頃でもある。少し汗ばむほどの陽気になっていて、こんな時に真赤なツツジに出合ったら、きっと三つ、四つと花をつまんで食べる。ひんやりとした花びらの感覚とほの酸い味は、子どもたちを爽やかにする。

ツツジは花びらを食べる。ガクのところを片手に、もう一方の手で花びらを持って引っ張れば、長い雄しべや雌しべはガクの方に残って、花びらだけが抜けて来る。もし、しべが千切れて花びらの方に付いて来たら、頬っぺたをふくらましてちょっと吹くといい。相手は、じょうごのような底の口から飛んで行く。

味は酸いといっても柔らかさと上品さがあり、スイバやイタドリなどの草の味ともずいぶん違うし、ひょっとしたら小さな三ツ葉のカタバミなら似ているかとも思うが、さりとてあの刺すような酸っぱさとはまた違う。恐らくは、同じほどの酸味でも、花の蜜が混じるからあのように優しくなるのであろう。

それに花には香りがあった。その甘い香りは、朝顔などよりずっとしゃっきりした花びらを口に押し込んで、二度、三度とたたみ込もうとしてる、その間中、顔の周りを泳いでいた。

山できのこを見つけたら、私たちは手許の笹を一本折って、これに軸のところを突き通してぶら下げて帰った。優しい他の地の子どもたちはチガヤの茎とか草の茎に赤い苺を継げた。山のツツジも持ち帰るにはこの手に限る。それにツツジの若枝は、草の茎みたいに真直ぐにしゅーっと伸びて、その先には二、三枚の留め役を果たす葉っぱまでついている。誂え向きの枝である。

これに前の要領で食べるばかりに下拵えした花びらを、一枚ずつ花飾りを作るときのようにして通して行く。長くするか短くするかは各人の気のまま、二本も三本も作る働き者もおったし、つつましやかにきれいな一本を作る子もあった。欲張って際まで継げて行ったら、ずいぶん重いものにもなった。出来た赤い提灯は、家まで提げて帰ってもいいし、道々横っちょから口を出して、むしりながら帰ったって、それはそれでまたよい。

石川県の真ん中ほどにある河内村だと、これを「天狗の鼻」といった。赤くて長いからそうもなるのだろう。「天狗の鼻作りに行こう」といっては山に行った。

食べられる山ツツジは真赤なので、長野の下伊那や、岡山の久米町ではベニツツジといい、島根の邑智《おおち》郡《ぐん》ではベニバナという。また岡山県真《ま》庭《にわ》郡《ぐん》だとクイバナで、滋賀の信楽町《しがらきちょう》は梅雨の頃咲くからツユバナ、岩手の沢内村ではタエツツジという。私たちの村でなら、食べられるツツジはただツヅギで、橙色をした大きな食えない方の花をイヌツヅギと呼んだ。イヌツヅギは最上の方に行くとドクツヅギになる。

ツツジの花も終ってしばらくした頃、今度は葉っぱの方に「餅」というのが出来て、これも食べられた。餅といえば聞えはいいが、虫によって葉っぱが変型して瘤のようになったものなのである。食べればサクッとした歯触りで、ちょっと上等な、バターのたくさん入ったクッキーを一噛みした時のような感じだ。もちろん味はそんな凄いものとなど似ていない。ただ花ほどの酸味のある葉っぱのクッキーである。

これをもう少しよく眺めれば、ベージュか白のその表面にはさらに真白々の粉がたたいてあって、でこぼこの面はまだらである。のし板の上にとった丸め餅を少し表面が乾くのを待って餅とり粉をまぶし、ぱたぱた浮いた粉をはたいたらあんな風になった。

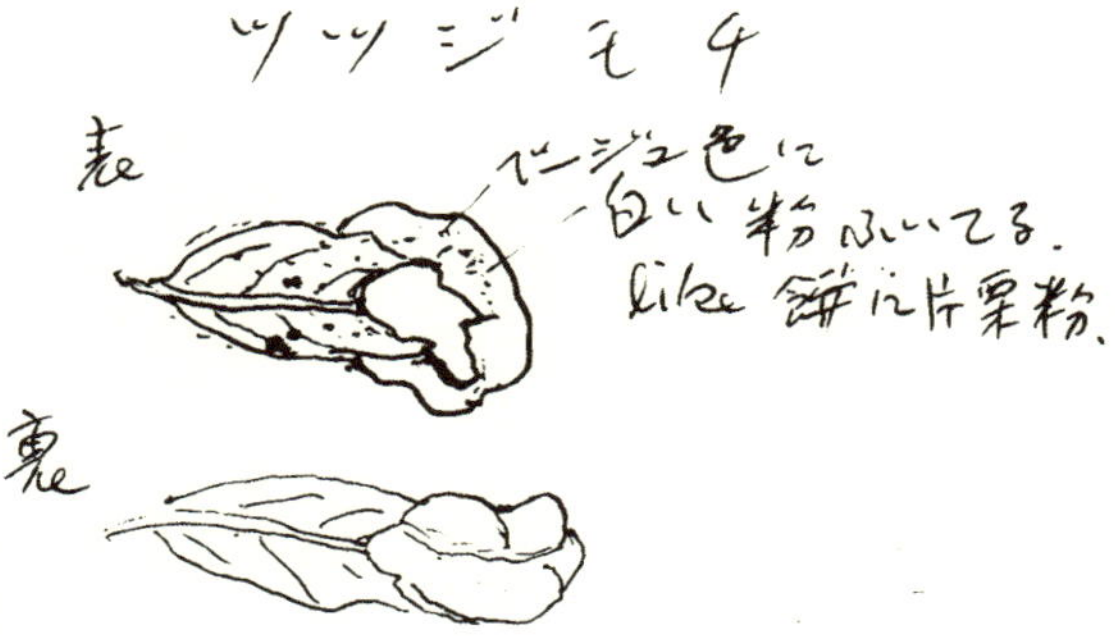

もう一つ余計な例を加えるなら、白粉をはたいたのに汗をかいて半分地が現れたわれわれの鼻の頭のようなのでもある。

東北から新潟、岐阜、滋賀、京都、三重の辺り一番多いのが、モツ、モヅコ、モチ、ツツジモチ、ツツジノモチである。京都の園部町ではツツギノモチバナ、滋賀の木之本町ではフクモチ、兵庫県氷上町でカミナリサンノモチともいう。岡山県の勝田町や西粟倉村ではツツジノバッポ。ここでバッポはモチの幼児語である。「あそこの家でバッポ搗《つ》いてござる」といい、「ツツジのバッポ取りいこーい」という。バッポ系のモチの名は、滋賀の土山町や永源寺町だとパッパになる。このパッパやバッポは餅を搗く時のあのパンパンいう杵《きね》の音であろう。土山町で、都会に出ている娘さんのお産扱いに行った一人のおばあさんが、孫たちに英語を知ってるといって驚かれたという話を聞いた。おばあさんは「ママを食べるかパッパを食べるか」といった。

ツツジ餅は耳とも似ている。形もそうだし、ぷっくりふくれている耳朶《みみたぶ》の感じにも似ている。「耳のようなんぢゃ」と人もいったが、私も尋ねる時にはよくそんなことを言った。島根の鹿足郡《かのあしぐん》や、大原郡、滋賀の神崎、伊賀郡、兵庫で広くミミという。滋賀の多賀町ではミンミン、岡山の作東町でネコノミミ、岐阜の白鳥町だとゴゼミミなどと穿《うが》った名で呼ぶ。

耳がミンで、一つ想い出したことがある。五島の一番南の島、福江島の貝津でのことであるが、こちらでも耳をミンという。それから水もミンといい、右もミンという（紙をカン、紅をベンというように）。それで耳に水が入ったことをいう時など、少しばかり厄介なことになるそうである。「ミンにミンの入《い》ってミンの痛か」「どのミンよ」「ミンのミンよ」

京都市京北町のオヒツというのは、飯びつのことであろう。夜久野町や和歌山の田辺市、奈良の十津川村でカンスというのも茶釜のこと。三重の鈴鹿市中箕田町だとツツジノホウロクという。兵庫県春日町のカッコ、山南町のトトカッコ、これは郭公鳥のことであるらしい。こうした虫えいはちょうど郭公や時鳥《ほととぎす》の鳴く時分に出来る。和歌山県東牟婁郡《ひがしむろぐん》川湯のホッチョウ、またホッチョンも時鳥の鳴き声から。この辺の時鳥はこんな風に鳴く。

ホッチョウ　カケタカ

マダカケン

べりくり——ツバキ

椿にも虫こぶが出来ると聞いたのは、大分から宮崎に入ってすぐの北川町であった。九州の方では椿をツバキとは呼ばずにカタシ、またカテシと呼ぶ。それからまた普通の椿をオーガタシ、白い花で葉っぱもずっと小さい、いわゆるサザンカをコガタシと呼ぶ。

食べられるこぶは、コガタシの方に出来るという。最初は薄茶色の皮を被っているが、たけると皮が剥けて白い粉をふいたようになり、こうなると甘酸っぱくなっておいしい。全部の木につくという訳ではないが、なる木には幾つもなる。厚さは五ミリ、茶摘みの頃に食べた。北川町下赤では、これをツンバという。後から何人かにツツジの葉にも出来ると聞いたから、ツツジ餅とちょうど同じようなのであるらしい。

宮崎をずーっと南に下り、鹿児島に入って南の島にもちょっと寄り、平戸に寄って、壱岐にも寄り、本州に戻って来ようと思う。北川町から少し南に下ったところの門川町、それから隣りの北郷村、東郷町、この辺りでは広く名前がツバキである。花になるところが化けるのだとも、葉っぱがそうなるのだ

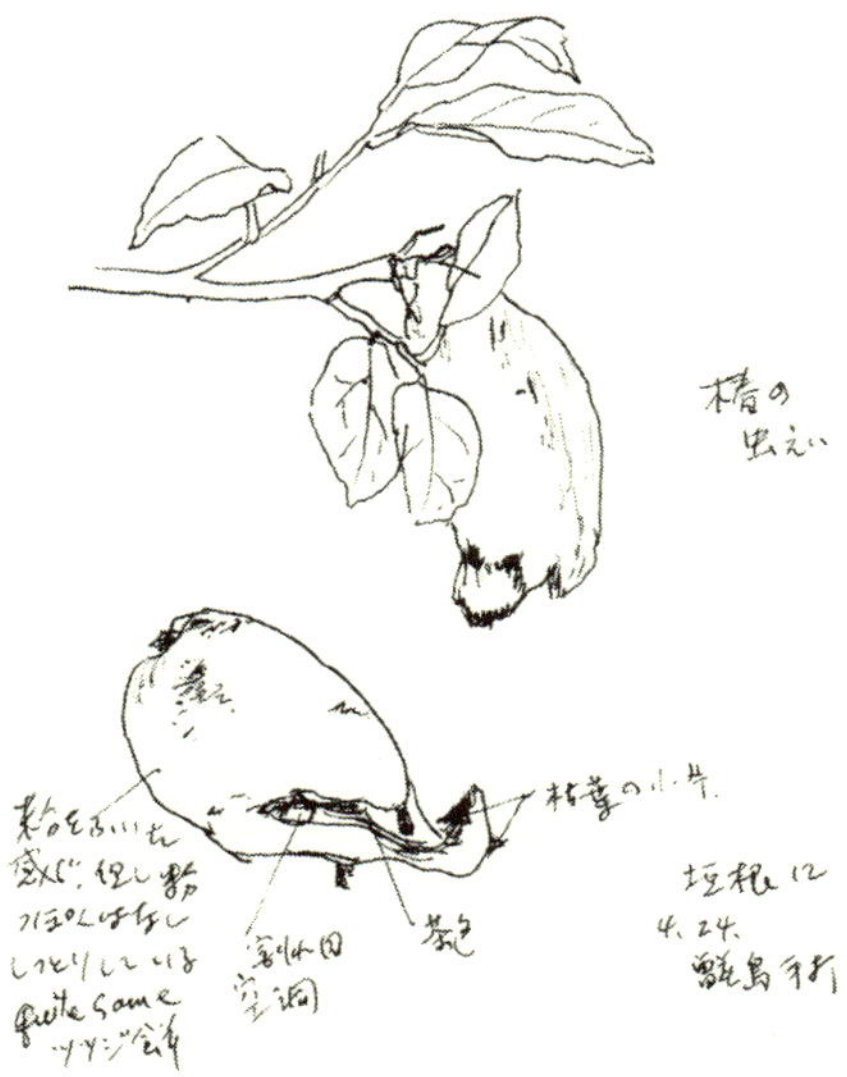

ともいろんな風にいわれるが、「芽がツバキになる」んだという人もいる。門川町の川内で一人のおばあさんは六月頃に食べた。初めは渋い、それがすれこべんなると赤皮がむけて白粉をふき、甘味が出る。すれこべとはどういうことかと聞いたら、「時期がするるとよ」という。日が経ってくるとの意らしい。それにツバキはコガタシばっかりじゃない、オーガタシにも出来るという。

　私は、北郷村の外れから山道を通って隣りの諸塚村に出た。諸塚村の最初の山の中の部落中尾ではゲベェァという。妙な発音で、エとアの中間音、これは東北音とまったく同じだから、私が真似て言ったら、自分たちよりうまいといって賞められた。ここでイヌビワというウシブテェのテェも同じ発音であった。ここではコガタシでなくヒメガタシになるという。

　もう少し南に下って、東郷町ではコガタシに出来てゲンバ、隣りの南郷村だとツベ。宮崎市を越えて清武町、田野町ではコジ、またコジキ、田野町の倉谷や仏堂園だとシバンチョ、日南市の飫肥《おび》だとヤドカリ、都城市だとカンピ、名前はおかしいけれど、みんな食べるのである。

鹿児島に渡って開聞町ではツッバッ、川内市だとシベ、五島の岐宿町《きしくちょう》ではヒメガタシについてチバ。

平戸市の街中、鏡浦町とか大野、古江ではベリクリ、これは形からいうらしい。唇が厚く反ったようなのもベリクリ、帽子のつばや、破れ靴の底の反ってるのなども「ベリクッとるばい」。島の真ん中辺、紐差《ひもさし》だとキビショ、「キビショの出けた」といって食べる。キビショは急須である。ヒメガタシならどれにもつく、大人もとって食べた、とは八二歳のおばあさんで、この人は「お寄りやっしぇ」、「お上がりやっしぇ」と言ってくれた。「こっちの枝に一つ、あっちの枝に少しとつき、多いのでは枝にびっしりついて重さで垂れるごとなる。少し渋く、甘味がある。よーく食べた、モッチモチした」とは明治三九年生れの大石スギさん。

紐差でも一部、また近くの大川原ではジュウビャア、そこからもう少し下った津吉だとズベ、中津良《なかつら》はズベァ、神船でスベャア、これらは私のほめられたゲベェァに近かろうが、「スベャア取っても噛《こ》ーでみよか」などという。

壱岐の郷浦町ではカティシモチ、勝本町でタンポコ、またタンポともタンポポとも、いずれも食べることはしない。ここではコガタシではなくて、オオガタシに出来るという。

その壱岐で、私もオオガタシについた一つを見た。湯呑茶碗ほどもある青白い、ちょっと見には果物のような、提灯のような物である。尻は辛うじてつぼまっており、中はポンコポンコの空っぽ。青白い肌に白い粉をすり込んでいるところはツツジ餅と同じ様だったが、噛ったら少しの酸味と渋味があり、他にはなんのうま味もなかった。甑島《こしきじま》でこれをカテシノホヤといい、伊唐島ではカテイノバケモノという。伊唐島も壱岐もコガタシは少ない。壱岐にこれが入って来たのは、まだ新しいという。

本州に戻ったら、ツバキの話は食べると聞くことはなかった。ただ植えてる椿には出来ることがあって、岐阜の坂内村では、ツツジ餅と一緒にボケ、またオボケという。

お天道様の米の飯 ――スズメノヤリ

雀の槍。小さな芝草だが、葉の縁に白くて細い長い毛がたくさん生えているので見分けがつく。春の頃、葉よりもずっと高く、茶色でほぼ球形のぼんぼんをつけると、いっそう目に立つ。このぼんぼんは、細かい種の集まりである。掌の中で揉むとゴマのような粒々になり、それがヤンゴメ（やき米、水につけた種籾の残りを蒸して殻をとったもの、おやつになった）に似ているというので、千葉更和《さらわ》でつけた名前はチイチイヤンゴメ、ままごとに遊ぶ。

広島の美土里町助実《すけざね》という山の村ではスズメノアワ、これを食べた話を武藤さんから聞いた。

「スズメノアワは土手にある小さな草、一本のトウの先に固まった玉がつき、手で揉むと粟のような粒になる。これを粉にし、椀に掻いて食べる。戦時中、いま生きていれば（昭和五〇年のこと）百なんぼになる近所の婆さんからもらって食べたことある。粘りがある」

傍から奥さんが「掻いたんでなく、団子だったように思うけど」と口を添えた。

この根は、冬期、株のところがちょっとふくらみ芋のようになり、こちらの方はほんとうに子どもが

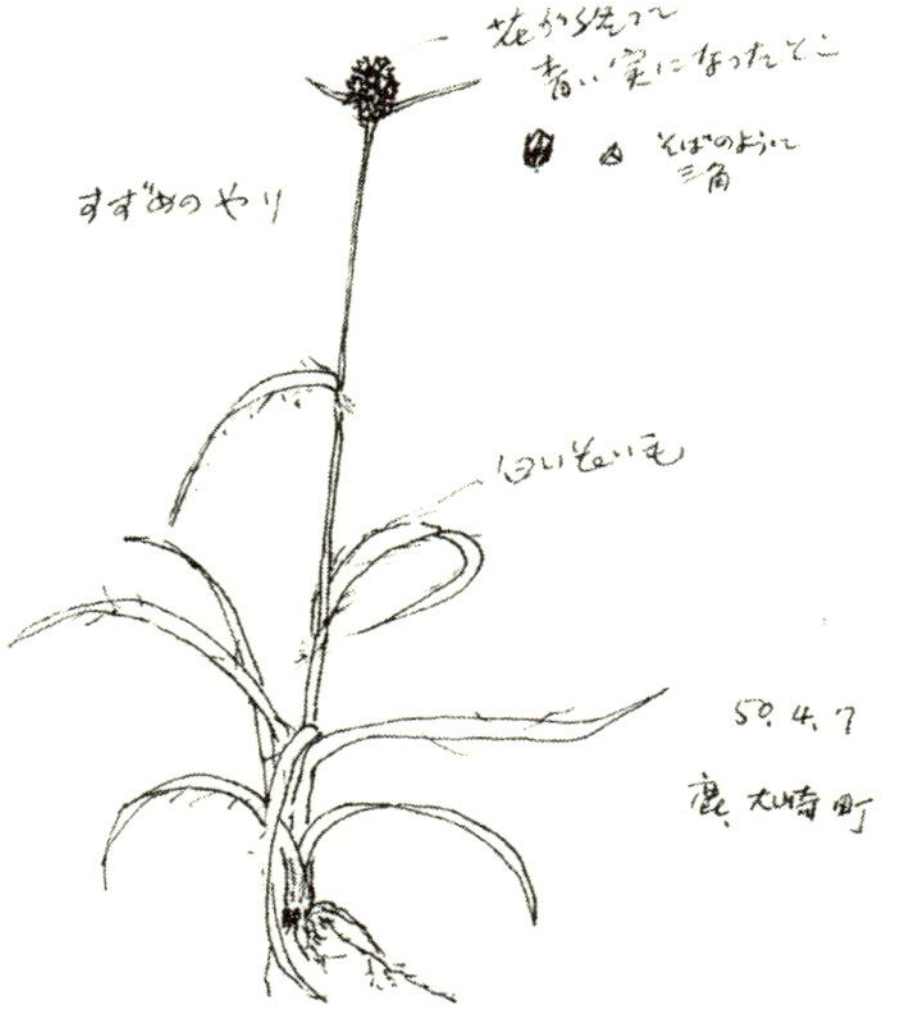

食べる。黒い皮をむくと、中は真っ白、米粒ぐらいのものだけれど、甘味があっておいしいといい、茨城県高萩市滝ノ脇の子どもたちは最大の敬意をこめて名付く。オテントサマノコメノメシ（お天道さまの米の飯）。同県里美村ではチンチンモチ、常北町下古内や、福島の川内村ではシバクリ、栃木県烏山町野上ではシバゴメ、同県茂木町田野辺や栃木市皆川城内ではシバイモである。

少し格下げしたものか、カラスノチチンボ（栃木県栃木町）、カラスモチ（茨城県美和村塙、日立市下深萩、高萩市関口）、カラスイモ（栃木県烏山町滝）、カラスノミ（足利市名草中）、スズメノチャンチャ（千葉県睦沢村）、スズメノチョンチョン（栃木県益子町）などもある。栃木の田沼町長谷部の子たちも食べているのに、名前は馬鹿にしたような、カラスプグリである。茨城の美和村高部でオジョログサと呼ぶは、やわやわした葉の白い毛をいうのだろう。

茨城県高萩市の秋山や関口、また「お天道さまの米のめし」をいった滝ノ脇の一部でも、それから福島の伊達町伏黒ではタバコグサと呼ぶ。軸をくわえ、穂先のぼんぼんを煙管の雁首に見立ててスパスパやるからである。

右の地以外で、私は食べることを聞いていない。京都宇治田原町、それに続く信楽町多羅尾でスズメノマクラ、信楽町朝宮でチンチンマクラと呼んだのは、ぼんぼんを枕に見立てたもの。宇治田原町湯屋谷では、なお小ささを強調して、スズメノコマクラとも呼んだ。

湯屋谷で藤田トクさん（明治二七年生れ）たちは、この草を使って玩具にした。

タンポポの茎を一〇センチ弱ほどに切り、上部三分の一ぐらいなところを折り曲げ、その曲げた部分だけ縦に切れ目を入れる。ぼんぼんのついたスズメノマクラを上からさし、タンポポから下に出た、スズメノマクラの茎を持って引っ張ると、腰を曲げた格好になり、これを伸ばしたり、曲げたり「じさん、ばさん」だといって遊んだ。

藤田さんは、実の固まりのところに、茶色ようのシベがあると説明した。ほんとうにどれにもきっと小さい葉がつきさしたように伸びていて、右の人形の頭にこれがあると、婆さんの簪《かんざし》みたいでいっそうおかしい。

粟苺――キイチゴ

キイチゴの木はイバラであるのに全体の感じが大変優しい。葉っぱも細身に切れの深いもみじのような葉であり、花はうっかりしたら山桜かと思うほどの風雅さであるし、黄色からわずかずつ血の気がさしていって、イクラの玉のように熟れる実は控え目に枝の下側に並んで下がっている。草苺もナワシロ苺も熊苺も、冬苺も、みんな上から手を伸ばすのにこれだけは手を上向きにして下から実をとる。掌が受けとめる役をして便利もいい、キイチゴの次ぐらいに多いサガリイチゴ、サンガリイチゴの名はこれをいう。甑島《こしきじま》でサーエッチョウと呼ぶのも、下り苺の意である。

秩父の私の住んでいる辺りでは、これをアワイチゴという。私は粟のように黄色い色をしているからそう呼ぶのだろうと思っていたが、しかし大分の緒方町では、赤いナワシロ苺をアワイチゴと呼ぶし、野津原町だと、もっとはっきりアワマキイチゴと呼ぶ。アワイチゴの名は色ではなくて粟作りの時期に関係あるようである。

もう一つ、キイチゴという名に対しても私は誤解していた。ただ黄色い苺ではなくて、他のナワシロ苺や

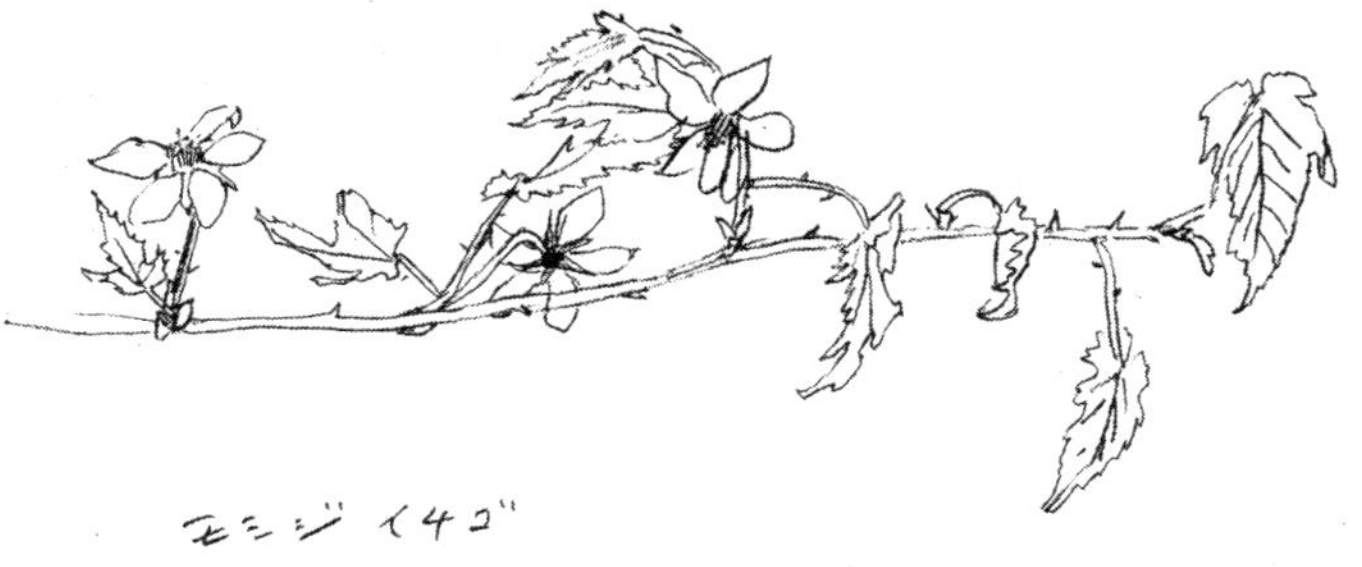

草苺に対して「木の苺」としている地方もあるのであった。大分の緒方町や天草、五島では黄色なというのは「きな」といい、「キナイチゴはきなきなして」とか、「きんなか苺」という。この辺りの名前のキナイチゴは「黄な苺」の意味らしい。ところが、壱岐、平戸、山口の防府市の辺りでなら、キイチゴに二種類、すなわち黄色い実がなるのと赤い実がなるのとがあるという。赤い方とは熊苺をさすらしい。

キイチゴ、サガリイチゴ、その次くらいに多い名前が、フゴイチゴ系であろうか。草苺のところで、もいだ実の形が鍋のようになると述べたが、あれは草苺だけでなくて、このキイチゴもそうである。ただ向こうは底も丸くて兜のようであるが、こちらは横ふくらみの、ちょっと言えばお寺のガンモンモ、あの座布団の上の叩き鐘のような形で、それが黄色なものだから藁や竹製のフゴに例えられる。

山口の鹿野町で一番最初に聞いた名前はホボライチゴだった。島根に入って鹿足郡一帯はホゴイチゴである。この辺のホゴは藁製で、丈よりは横に広い。俵を三分の一がとこ切って、その端の方を使ったような形である。上の口には縄を縫って作ったしっかりした手がつ

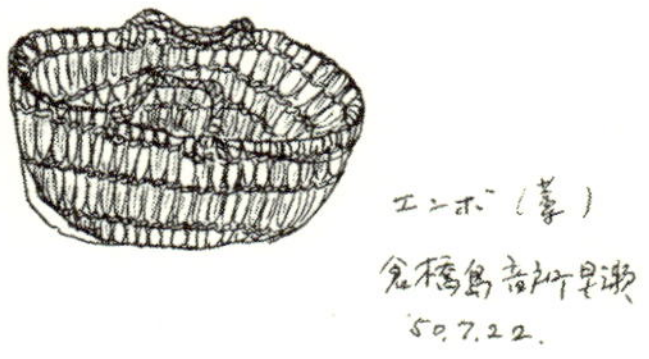

いていて、中に芋とか野菜を入れたら天秤棒で前後に担ぐようになる。津和野でこれのずっと小さい、丈も深いのが、縄の手に結えつけられた股木で、庭の干し棹《さお》にぶら下っているのを見たので、名前を聞いたら「茶摘みホボロ」だといった。

フゴやホボロ系のところのどの地方にも、ちょっと面白い言葉がある。嫁がなにか不満な心を持って、家には無断で実家に帰ってしまうことをホゴふるとか、ホボラふるとかいうのだという。里に行ってしまって五日も一〇日も帰らないと、近所の人たちは「ホゴぢゃあるまい」とか「ホボロふったんぢゃないろうかい」とか「どこそこの嫁ホゴふったげな」という。以前の嫁の勤めは厳しいものだったから、誰にも何回かはこんなことがあったそうである。しかし「今はホゴふらすようなしゅうともいない」という。

広島の加茂や安芸郡、比婆郡では、ホボロふるとは言わずにホボロうるという。娘がこんな様子で帰るとかたい親は「ホボロ買わんど」という。また直ぐ受け入れる親は「あの親はすぐホボロ買うんぢゃけん」と評判されたりする。

ホボロが竹製である広島の加茂の辺りには、ホボロ売りというのが来たそうである。オーコ（天秤棒）の前後にホボロを山のように積み上げて、前も後ろも見通しが利かない。嫁の里に走り帰るのも、後さきのことなど構ってのことではないのだろうから、そんなところをいうのだろうと教えてくれる人たちもいる。

鍬柄《くわえ》――オモダカ

情ないぞよこの田の草は
ナギにソロエにヒエ　オモダカに
ネブカゾロエで身をもやす

ここで述べようとしているオモダカも、それからソロエも百姓にはいやな草である。両方とも深く深く根を下した、その幾本もの根の先ざきに芋をつけ、そこから芽を出して増えて行く。

岐阜の藤橋村鶴見ではオモダカをクワエと呼ぶ。これはクワイにそっくりなのである。それで一つ名で呼ぶところも処々にあるが、藤橋村で宮川さんという明治生れの方は、そのクワエの意味を葉が鍬の柄のような格好をしているからだろうと教えてくれた。

そういえばよく似ているのである。私の子どもの頃の鍬は全体が金製のものあったが、多くは柄に続いて下の台も中心は木であり、金は刃先から縁にかけてはめたものであった。柄と台は継ぎ合わすのではなくて、枝振りのいいのを捜し、細い枝を柄にし、幹は削って台にする。だから角度もちょうどよいのである。金がはまって四角の細長いものになるが、柄だけだと頭が底辺の逆三角形になり、こうした裸の柄はどこの家にでも常に何本かずつは軒の横木になんぞ引っかかっていた。クワイやオモダカの葉は深い切れ目があるものの葉先を下にして真直ぐなすうっと伸びる茎で立っているところなど、緑の鍬の柄のようである。田の草取りなどで鼻先に現れるたびに人々は鍬の柄に対する思いをし、また鍬柄があるとか、あそこにも鍬柄が立ってるなどと思いながら仕事を進めたのだったのではなかったろうかと思う。

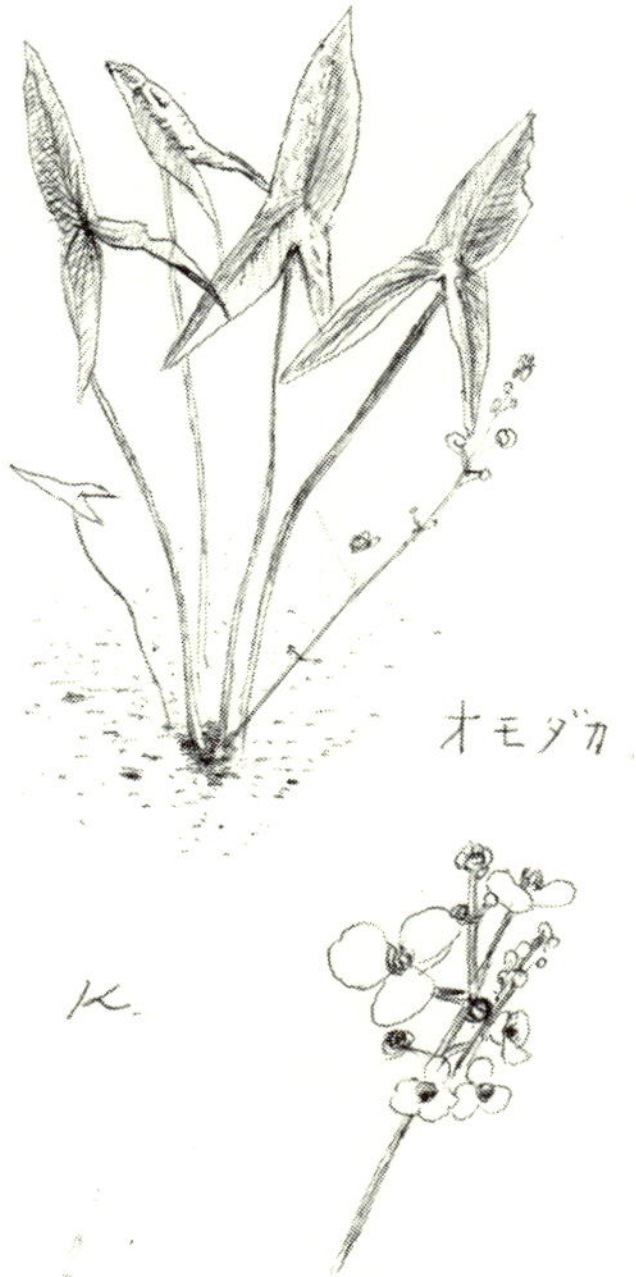

クワイは古く大陸から渡来したものだといわれる。田の雑草のオモダカにすでにクワエの名があって、それが新しいものに移ったか、またクワイの勇ましく立派な柄を見たことからクワイの名がつき、オモダカに移ったのか、私にはそこは解らないが、従来の説、クワイは「食べられるイ（燈芯草）」

などではなくて「鍬柄」と見るべきだろうと考える。

オモダカに対してのクワエ、またカンガラなどの名はその草の姿によったものであった。この根の玉はクワイからみたら何一〇分の一か小さいが、同じく食用となる。芋を食べるところから出たもう一つの名前がエゴである。この名は信州でも広く呼ぶというが、茨城や岩手などもそうである。オモダカの芋はえぐみがある。これと同じような芋のつくクログワイの方は生で食べるが、クログワイはえぐくなどちっともないのであり、これはほとんどくせのない、甘くて木の実のような、ちょうど生でサツマイモを噛ったような味である。しかしエゴはえぐいので煮るか焙るかして食べなければならないという。クワイも馴れない者になどはあの妙なえぐさが気になる。おそらくオモダカもそのようなものだろうと思う。エグイことはエゴイともいうが、名前のエゴはこのことである。もう一つのえぐい食べ物、里芋をエグイモ、またエゴイモと呼ぶのは、北陸から中部、近畿、中国、四国、九州と広い範囲である。

さて、オモダカの生える様、

「根の玉焼いて食べおった。三、四月の田おこしに大きいのが出るとふっくら（懐）に入れて帰り、熾の上で焼いていっきかむもんじゃった。わざいかばしかもんじゃ、ほかほかて」（種子島中種子町油久）

南になる南種子町茎永ではクヮイ。

「椎の実ぐらいの大きさ、むた（泥田）みたところにある。煮上げて食べる。おいしかものだったよ」

「クヮイコはもた（泥田）に多い。葉に包んで焼いて食べた。二、三月の荒田打つ時に拾う」（上里や本村）

「エゴ、川など放っておくとこは大きくほきて、芋がクワイの半分ぐらいまで大きくなる。茹でて食べ、味は小さいのと同じ。水が出ると浮いて流れ、他の田んぼに入る」（千葉市の多古町吹浦で香取ミネさん）

「春先の田を起す時に食べ、甘くておいしい。稗《ひえ》を植える田には肥料が多くいるので、草を刈って踏み込む。その稗田などによく出た。肥えた土に出る」（岩手の湯田町や沢内村）

「エゴ、田の二番《ぼ》うないの頃拾う。土の中で三、四センチ芽出ている。たくさんあって大人も食べる。外側紫色をし、親指の爪ぐらいの大きさ、炒って食べておいしい。オモダカさなる。五月の苗とりの頃には、芽、緑になって伸び上っている」（茨城から千葉）

島根の六日市町でもギーナ（オモダカ）はグアイ（クワイ）の葉に似るがずっと小型、根の玉煮たり炒ったりして食べる。「生ではえぐくて食べれない」といっていた。

おはぐろ——カヤ類

大体は六月頃、道端などの、何度も刈られたような、比較的痩せたカヤにそれは出来る。穂の出る場所の中心に、真っ直ぐ立って長さは二〇センチ余、細い細い、線香のような鉛筆の芯のようなものだ。少うし褐色も加えた黒い粉が謄写版《とうしゃばん》のローラーのように滑らかに塗ってあって、若い時の表面には薄い膜も被っており、その膜を越してだと銀鼡色に光って、ほんの少しはきれいにも見える。

二〇センチの鉛筆の芯の先には粉塗りが手を省いたのであろう五、六センチばかりの余りがあって、枯れた葉のような色をして、豚の尻尾のようにねじれている。私たちはこの豚の尻尾をつまんで、キューッと抜く。ピッとかキュッとかいうことはなくて、下の方の抜けて来る軸も一〇センチ近くあったから引っ張る力だって、指先に随分かけたものだが、それが抜けながらキーュといった。

その尻尾をつまんで引いたとしたら、今度は手を持ち替えて抜けて来た白い軸を握り、そして串団子を食べるみたいに歯と歯の間で適当な強さにくわえて、しゅうっとしごく。右から左に移った串を見てまだよっぽど黒いのが残っているようなら、今度は左から右にもう一回しゅうっと舐める。噛み方をきつ目にしたら串の一部も削れて来て、歯の間で押さえつけられてびくびくに襞《ひだ》の寄った白いものがひらっと伸びて来ることもあった。芯は真白な、細い割にはしっかりした軸である。

これほど不味いものが世の中にあるとは、まあ考えてみれば楽しいことだ。これもマコモの墨同様、また麦の黒穂同様、それからトウモロコシのあのお化けもそうだと思う。黒穂病に犯されたものらしいのである。だから口中が大旱魃《だいかんばつ》の砂ぼこりの中に立ったように、煙だらけになる。その上、妙な青臭さがあるから、なるべく味を見ないようにして唾でまるめて喉の奥に押してやるが、最後のごっくんの時には、飲むべきか、飲まざるべきかで少しばかり手間がいる。あれこれ世の中のことを考え、どうせはかない、無情なのがこの世の中だと悟るまでの時間が要る。

私たちはおはぐろを奪い合って食べた。どうしてだかそうなって仕舞うのだから仕方がない。抜きながら食べてたりしたら人におくれてしまうので、先に何本でも抜けるだけ抜いて、あとから歩いたり、立ち止まったりして食べた。村外れの坂道になってるところの右側に必ずおはぐろの出る土手があって、そこを通る時は、いつも一わたり見わたして歩いた。

おはぐろをしごく時は、頬っぺたにも付くから口が耳まで裂けて、子どもであっても凄い顔になる。おはぐろを食べる時に、尻尾や白い柄を握ったのもこの墨のつくのを嫌ってであった。しかし男は別である。手を真黒にしたり、耳まで裂けた口を持ったくらいでは足りずに、その上、髭《ひげ》まで生やして威張っていた。

東北の人たちがおはぐろにつけた名前が残酷だ。秋田で、ベゴノションベ、ンマノションベ、ンマノヘー、カヤクソ、岩手で、マッコノションベ、ンマノクソ、山形、ンマノションベ。こうした中に山形県金山町のサトウ、島根県津和野町の同じくサトウの名がある。津和野では黒砂糖みたいだからという。少し甘いそうだ。広島でも「あれは甘いけん」という言葉を聞いた。おはぐろの黒いところを構わずに白い柄のところを食べるというところもある。これだと本当にツバナみたいに甘いそうである。

ンマノサトウに続いて福島ではカラス、それだけなら別にいいのに、とに角にケチをつけたいのらしい山形と秋田ではカラスノクソ。秋田と岩手にはアリコノションベもある。これには佐渡のウシノクソにウシノダンベも仲間入りしてそうである。佐渡では軸の白いところを食べるという。

おはぐろは全国、それこそ例外なしにどこでも食べる。その名の、クロやクロボ、クロンボなどの名も全国的である。他に黒い色から出たものでは、山形や新潟のスス、同じく山形のヘソビ、これは鍋墨《なべずみ》のことである。その鍋墨の意味で、長崎のヘクラッポ、富山県砺波市のナベスン、愛媛県ではスミ、「男の子はスミ持っておわえる（追う）んだよね」といっていた。

ツバナの上になにか区別する語を加えて呼ぶのもある。茨城や埼玉のクロツバナ、石川のウシツバナ、長崎、天草のカラスオバナにオトコツバナ、島根のオニツボ。また本体のカヤの名も留めておきたかったらしくて、各地にカヤンボ、カヤノミ、カヤノトウ、カヤスミ、カヤゴ、などの名がある。

東北の名はひどいものばかりだった。しかし青森には、スズメノオハグロなどという可愛い名もあった。母親たちの鉄漿《おはぐろ》つけ筆からみたら、いかにも細くて小さくて、雀の使う筆にぴったりであったろう。雀の口もオハグロ付きである。

タケノミ

黒穂病を引き起すところのクロボ菌は、ずいぶんいろんなところで活躍するもののようである。カヤに出来るおはぐろは、また竹や笹にも出来るという。

東津軽の蟹田町ではタケノミ、またササノミというのがこの名前、笹竹の枝のところから筍のような格好して出る。細身の鉛筆の太さ、これをもいで、皮を剥いて食べる。青臭くて不味い。まだカヤノミ（カヤの黒穂）の方がうまかった。弘前ではササノモエボという。枝のところから伸びて、茎と同じように皮を被っている。ただし芯コが外から見えてるので、それを引っ張れば抜けて来る。宮城の世田米町や鳴子町でササゴと呼ぶのは「笹の芽」だという。鳴子町の鬼首では、雀の使うのよりはちょっと太いから、カラスノオハグロと呼ぶ。

佐渡では、クロモンジとかクロンボという。葉の大きさが一〇センチに巾三、四センチの竹に出来、一本の竹に四、五本出来る。細い小指ほど、表から黒いのが見えていてそれを抜いて舐める。舐めた後は色が白っぽくなった。佐渡は到る処に竹が見られた。金井町でいう、真竹の直径三センチ位の細いものに出来る。丈は人差指くらい、ボールペンの芯くらいの細さだ、一面に黒くなって花のようだ。

徳島県南海町でクロンボは丈が高く、枝茂る笹に出来る。笹の林のところどころに出来て、一本全部につく。一五センチくらいの長さ、「クロンボはカヤ（萱）ンボにも出来た」。ここでは麦の黒穂も同じ名である。長崎の大瀬戸町では、物干棹にする呉竹に出来るという。毎年出来るという訳ではなく、たまに竹山の一本にそうなるのがある。先の方の枝の、枝と皮の間につき、重さで枝が垂れるごとなる。それを見て取りに行って皮をむいて食べる。タケミソという名前である。

カヤのおはぐろは、素晴しく不味いものであったけれど、それより不味いものがあったとは恐れ入る。おはぐろと違って、こちらは気紛れにさえ一人もうまかったなどとは聞かなかった。それよりもたいてい「妙なものを食べおった」と話した。

ただ一か所だけ懐しげな名前で呼ぶところがある。津軽の木造町のベコノチチ、こんな黒いものと乳とでは余りに不似合いではないかと思うが、なんでもベゴ（牛）の乳首はこんな風に細長くなっていて、そこはたいてい薄黒い色をしているものなのだそうである。

こうした山のオハグロには縁遠い人たちでも、麦の黒穂には馴染が深いのではなかろうか。畑の青い麦は子どもが笛にする材料として格好なもので、親たちは警戒おこたりなく、黒ん穂を選ぶことを何度でも念を押す。しかし子どもたちは、手近にあるのが第一条件とばかり、通りに面した畑のなどどこのと構わず抜いてまわり、咎め立てされれば「黒ん穂やで」と言い逃れをするのである。麦の黒穂は食べることがないので、名前は、クロ、クロンボ、カラスボなど黒い色に関してのものばかり。なかでもクロンボが大部分を占める。

クロンボは「黒ん穂」だろうが「黒ん坊」のように思える。少なくとも子どもたちは、後者の意味にとっている。

栃木県芳賀町芳志戸で聞いた話、

畑で親が「黒んぼとってやっから遊んでろ」といったら、相手が女の子だったもので、「おら黒んぼより、赤んぼがいい」といった。

麦の黒ん穂は、カヤのそれなどと違って黒粉の量を誇るので、こんな遊びも出来た。平たい石の上に木の葉を並べ、その上に黒穂をはたきつけ、後、葉を取り除いてくっきり現れる模様を楽しむ。牛深市内之原ではゼックヮンと呼ぶ、雨上りなどで湿っている土の上でこれをやった。

次の一例だけは、色が赤いというのだから明らかにおはぐろの類とは異なる。しかし、同じようにして子どもの食べるものなので、ここに加えておくことにする。種子島、南種子町上中で聞くところのものである。

名前をネーコと呼び、細いニガダケなどの根元、一メートルくらいまでに赤い苔のようなものがつくのがある。刃物でこれを削って来、葉に包んで焼く。焼いても色は変らない。こうばしか良かにおいがする。出来たら塩を少し入れ、板の上ですりこぎ棒でねって（のして）、烏賊ほどの厚さにし、これをむしって食べる。

「んまかものぢゃった、かうばしかと」

時計キワさんがいった。ねる時には唄をうたった。

ねーこ　ねーこ
練《ね》った人には　どんとくゎしよう
練《ね》らん人には　ちっとくゎしよう

ほうこぐさ ——ハハコグサ類

ハハコグサを、栃木の田沼町や足利市でネコノミミと呼んでいるのは笑ってしまう。いうまでもなく、柔らかい、目に見えないほどの柔らかい毛で全身覆われた細長い葉をいっているのだ。茨城県の麻生町宇崎ではビロードソウと、比較的新しい名で呼ぶが、その稀代の柔らかさに於いては、二者を連結せずにいられなかった。

兵庫県氷上町《ひかみちょう》賀茂では、ホウコがハハコグサの名前で、赤ん坊の手をさしては「まるでホウコさんのような」というそうだ。まさに生毛に包まれた、触った手がめり込んでしまいそうな幼子の餅の肌なのである。滋賀県信楽町《しがらきちょう》のホコホコヨゴミ（ヨモギ）の名も、何ともなしにほうけ立った柔らかさを感じさせよう。

じっさい、ハハコグサの名を聞こうとすると、「あのボコボコ毛の立ったのかの」などと聞き返されるのである。ハハコの名は、この毛ば立ったさまからなのであろう。

ホウコの名は、鳥取の江府町江尾《こうふちょうえび》とか、滋賀の永源寺町相谷《えいげんじちょうあいだに》にもあり、広島の口和町《くちわちょう》紙谷ではホウコウ、岐阜県徳山村越卒《おっそ》ではハンゴ、松江市新庄町原ではハンコといって、粘りが強くて餅米代わりになるという。

これは各地で餅草にされており、毛が密なだけ優秀な継ぎ料だった。

広島の大和町で聞くと、節句などの折は、ホウコグサの花だけを入れて黄色な餅を作ったりしたという。葉の方は緑色になる。

島根の仁多町三成《にたちょうみなり》では、ホウコウはオヤマボクチの類なので、ハハコグサはカワラボウコウと呼ぶ。後者は、葉が小さくて使うことはなかった。

ははこぐさ

熊本の泉村樅木では〝モチよもぎ〟の意の、モチブッ、この方がうまい、干しておいて正月などに入れる、粘りが多いという。千葉の茂原市小林でも、モチグサというのがハハコグサである。

ホウコの名の一方には、チチコがある。宮城の鳴子町鬼首のチヂコは河原にあり、摘んだら生のまま蚕のわらだかなど笊《ざる》の上に干して貯蔵した。秋田の比内町板戸や味噌内、大館市の餌釣などではヅィンツコ、花は黄色で、引っぱってちぎれるくらいの柔さの時に餅に入れる。ヅィンツコ餅という。他にゴンボツパ（オヤマボクチ）も使うのである。

静岡市小河内のチチコも黄花、御前崎町新谷のチヂコも黄花咲き、ここでは二月一五日のお釈迦会にチヂコダンゴ作って進ぜるという。

滋賀の甲賀町岩室や土山町青土のチチコも、河原にあって黄花咲き、餅に入れること同じである。和名にいうチチコグサは、花色も茶褐色と変り区別されるが、人々のいうチチコグサはもっぱらハハコグサの類をさしているのである。ただ、これに少々の種類違いのあることをいう地方もある。

岡山の奥津町至孝農《しこうの》では、田んぼにある、黄色い花のタボウコと、マツバボウコという細い葉で白い花が咲くものとがあるといった。白い花はカワラホウコであろう。

同県八束村《やつかそん》下長田では、チチコー（河原にある）とホウコー（チチコとほとんど似る）とがあるといい、川上村下徳山では、チチコはホウコよりおいしいし、しわい、どちらも花前に摘むという。

同じ村苗代で明治二九年生れのおばあさんの教えたのは、

「チチコー　河原にある白い花

ホウコー　山の畑にある黄色い花」

だという。他にヤマボウコ（ヤマホクチの類）もあり、「わざに取りに行っての、こしご（腰籠）下げて」といっていた。

兵庫県山南町では、

「タツコー　黄花、葉細い
ホウコー　白い綿毛が多く、葉先丸味を帯びる」

どちらもエムギ（ヨモギ）と一緒の頃に摘む。同県青垣町大稗《おびえ》では、ヤマボウコ（葉太い、黄花）とカワラボウコ（葉細い、こちらの方おいしい）の二種をいった。

みっちゃる ――ルリハコベ

喜界島先内でルリハコベをミッチャル（まぶしい）と呼ぶ。どういうことかと思ったら、コバルトブルーの空を砕いてまき散らしたような足許の小花が、鮮やかな色で目にチカチカするからなのだという。太陽を見上げても「はげーみっちゃるさ（あれーまぶしい）」という。

同じ島でも花良治《けらじ》での名前はササンサー、子どもは、この草を一抱えかかえて浜に行き、石のくぼみで草を搗《つ》いて、その汁を浅瀬に入れ、魚を浮かして捕った。

奄美諸島も沖縄も浜は珊瑚礁の固まりで、大小幾つものかこいが出来て水が張ってある。そのほどよい大きさを選んで毒もみをする。毒もみの漁法をササといい、ササンサーはササグサの意味らしい。

沖縄の宜野座村漢那でも、サーサメンダ（サーサグサ）と呼ぶことは同じ、「サーサ入《い》って捕《と》いん」といい、「サーサ入《い》って捕ってちゃんな（サーサ入れて捕って来たな）」という。

大人は、そのササの材料にはイジユ（イスノキ）の木の皮などを使うのであるが、子どもは草などが手に合うところなのである。

沖縄国頭村辺戸《くにがみそんへど》の子どものやり方、

「ミンナ（ルリハコベ）を持って浜に行き、岩の間にあるコモイ（窪み、水張ってある）の中で、皆で手わけをしてミンナを手で揉んでゆすぐ。スタラーと呼ぶ魚が飛び上って陸に上るので、それを拾う。スタラーは小指くらい、食用になる。『スタラーもうしが行《い》か（スタラーまわしに行こう）』と誘い合って行く」

徳之島ではルリハコベをミジクサ、沖永良部島《おきのえらぶじま》ではミズクサと呼んで、草を石で搗いて毒もみをしたという。加計呂麻島諸鈍《かけろまじましょどん》でツキクサと呼ぶのは、この時搗くからだろうか。

川原稚児《かわらちご》――オキナグサ

「オネコンジョウは昔は一面にあった」（大口市淵辺）

「カワラチゴ、どこめっけても今はねえわ」（栃木県市貝町）

オキナグサが今は見つからないといって、誰もが訝しい、わけがわからないというような表情で語る、幻の草である。

小さく黒百合のような花が終った後に、雄しべが長く覆って、ざんぎり頭のようになり、子どもに遊びを提供するところ、野にある玩具の趣の草である。

頂いっぱいの白毛を舐めて、筆にして遊ぶ。その舐めたなりして振りまわし、びんたぼ取って髪を結ってやるといって人形にする。じっさいに糸を使って結ってもやるのだ。

カワラチゴ　カワラチゴ
頭結って　みせろ

（栃木県市貝町）

河原のおばさん　びんたぼおくれ
びんがなければ　たぼでもいいよ

（群馬県川場村）

おねこやんぼしァ　貰れ手がねェ
母《かか》どうしょか　父養《ととやし》ね

（鹿児島県吾平町）

それぞれ、カワラチゴ、カワラノオバサン、オネコヤンボシがその地でのオキナグサの呼び名である。カワラの名があるのは、この草河原の開けたところに多かったからである。オネコヤンボシは九州に広くある名で、単にオネコ、熊本の人吉市のようにオニャコとも呼ばれる。ヤンボシは、髪振り乱したところ山法師に見立てたのだろうが、オネコ、オニャコは、うない子であるらしい。大口市淵辺のあたりでは、首うつむけて、しおれているような人をさして「オネコンジョウごとあっ」とか、「オネコンジョウごとして居んな」などいう。

浮いて上がって表側を固める形になる。

けやけや　下んなれ
虫の子は　上かァなれ
（岩手県岩手町）

げやげや玉ん　なーれ
虫のこは　上んなれ
しらみ　下んなれ
（岩手県玉山村）

虫のこはしらみの卵のことである。玉山村では「ゲヤゲヤ、すっかりなくなった。草を刈らないからだ」といっていた。葛巻町のあたりでは、春、山焼をした後に直ぐ出るものだった。

けんけん　うちなれ
いぼいぼ　外なれ

これは岡山県蒜山《ひるぜん》麓の八束村の唄、「ケンケンバナ（オキナグサ）は河原にあったが今はすっかりなくなった。蒜山にもない」という。

しらみしらみ　下なれ
のみのみ　上なれ
（鳥取県江府町）

岩手の雫石《しずくいし》町桑原では、秋に冬越しのキュウリを漬けこむ時に変らない（悪くならない）といって、ゲヤゲヤ（オキナグサ）の葉を押し蓋の下に敷いた。少し辛みがついたようだったという。「前には大層あったが、今は見てみたいと思ってさがしても全然ない」と。

子どもの遊び以外の使い方でもう一つ、やはり岩手県の葛巻町野中で聞いた話に、ケヤケヤ（オキナグサ）の根をとっておき、子どもがムスゲになった時に煎じて汁で全身を洗ってやる。ムスゲは腹痛を起し、吐いたりして青い顔になることで〝虫気〟でもあろうか。昔は母親は長い時間野良に出ていたために、溜まり乳を飲ませ、また子どもは空腹に一時に多く飲むので、このムスゲになる子が多かったという。

夏

みずやまもも──ヤマモモ

もう何年か前（昭和四五年）、伊豆の松崎で初めて山桃の話を聞いて以来、私はこの実に憧れていた。松崎の那賀という部落の表通りからちょっと奥に入ったところに、何の木だったか大きな木が何本かあって、その近くには神社のようなのもあった。この木の下で、二人のおばあさんに麦わらのねじり籠を作ってもらった。その麦わらの籠に山桃を入れたというところから、話が出たのであった。あれほどうまいもんは山のものではない。山桃はほんに味のいいもんだったと、二人は代りばんこにいう。

部落から少し離れた山の中腹に、山桃の大きな木があった。他の木の群を抜いて空に伸び、枝を広げている。夏の初め頃、枝ごとについた実が熟れるようになると、木全体が花の咲いたごと赤くなって遠くからもよく知れるようになる。これを見て大人も子供も山桃とりに行くのだと。女の子供たちは自分たちの編んだ麦わら籠を下げるなどしてである。この籠に同じ麦わらで下げ手をつけ、上には蓋も編んでつけることもあった。絹織物のような渋い光沢の麦わらに、赤桃色や赤紫色の山桃の粒を重ね入れたらどんなに嬉しい眺めであったろう。

昨年（昭和五〇年）は、春から夏にかけて九州の南の方にいた。今度こそは憧れの山桃が食べられるはずであった。それなのに、どこに行っても、もう少しだ、まだちょっと早い、もう半月だという。考えて見れば、一番南の五島からは折り返す格好で北に当る地方を通ることになったから、これは無理がなかったのであろう。平戸に行ったのが六月の初め、細長い島の真ん中辺、紐差《ひもさし》で遠藤さんというお宅で話を聞いた。

この辺りではヤマモモに二種類ある。イシヤマモとミズヤマモである。イシヤマモの方は、小さい粒で実が堅い。「ひどうおいしくなか、ひどう赤うはならん」そうである。一方のは水山桃の意で、水気が多く柔らかい。「おいしかですよ」という。山桃の実は二〇個も三〇個も花のごと枝先に固まってつく。その固まりは一時に熟すのではなくて、あっちこっちからぽつりぽつりと熟んで来る。だから枝を折っても、中の赤い幾つかは食べて他はほかかってしまう。それでこの辺では菓子でもおかずでも自分の好きなものだけをとって食べるようなのを「ヤマモの選《え》り食い」というと。

木は大木になり、登って採る。下から手が届くような小さな木には実がならない。熟した実は「落ち易か」で、テゴとかミソコシを持って登ってはこの中に振り入れる。女の子たちは枝をゆすってもらって下で拾った。「雨の降るごと落ちる」とは、拾う側にあった遠藤さんの奥さんと女客との言であった。最後に遠藤さんは、「ヤマモの木は家にもあってすばってん」といって、家の脇後ろの土手に案内してくれた。登るといっても枝にとりつくのにどうするのかと案じるほどの腰の高い木があって、高いせいか見上げてもなってる実など一つも見えない。山桃には一年おきによくなる年とならない年があるそうで、今年はなり年でないという。足下には、青いままに落ちた直径五ミリくらいの玉がころころ転がっていた。

本当に山桃を食べることが出来たのは、本州に引き返して山口県の防府市の山手の方、佐波川に添って上流に向かって歩いていた途中の道である。こちらはまた、前に見たのよりも何倍にも大きい木で、道よりずっと下に植えられていたものの、それでも素手では無理で、近くの農家から鎌を借りて枝を落した。

まだ食べるには早いようで、多くの実のうちピンク色や半分赤くなってるのが四、五粒、すっかり赤一色になっていたのはたった一粒である。実は松の香りがした。はっとするようなさわやかな味で、酸っぱさとか渋さとかこちらを拒むようなものは何もなくて素直で、ほどよい甘さで、上品な果実であった。

山桃の種類は他でも聞いた。前の倉橋島の音戸町では、大きくておいしいミズヤマモの他にもう一つスクモヤマモというのがあり、これはスクモ（籾がら）のようにスカスカしているのだという。島根の日原町では、白っぽい薄ピンクに熟すのをシロモモ、一番粒の大きいのをクマモモ、それから松の香のするのをマツモモという。中でシロモモが一番おいしいという。

天草で山桃が食べられるようになるのは六月である。その頃、春先子供たちが抜いて食べたチガヤの穂は銀色から白綿になり、さらにほうけてフワリ、フーワリ空を飛び歩くようになっている。この白い綿毛が、ちょうど熟し初めた山桃の赤紫の玉につく。福連木では、この綿毛をヤマモノムコドンという「山桃の婿殿」である。これがつけば山桃が食べられるようになるといい、また「ヤマモノムコドンのふっつかんば熟れん」という。

刺実《ぐいみ》——グミ類

二月の初め（昭和五〇年）に、淡路島の津名町王子というところで、すでに小さな細長い実をつけているグミの類を見た。細くて、長さだけは一センチ二、三ミリある実の先に、茶色がかったシルバーグレーの花をそれぞれ下げていた。この花は前年の秋に咲くのだそうだが、してみるとその花が冬も落ちずに年を越すのである。何か月も雪の下で眠る北国のものとは、まるで違っている。

淡路では、秋グミのシャシャンボに対して、こちらをただゴミ、ハルゴミ、それからゴガツゴミと呼ぶ。提灯型で、麦の出来る頃、五月に食べるという。広島の能美島、倉橋島でグイビというのもこのようである。こちらでは、旧三月節句にもう食べたという。この辺りでは、節句に御馳走を持参で野遊びをした。その時に食べたという。しかし沖美町の岡大王というところでだと、節句には熟れるものもあるが、たいていはまだ青くて、本当によく食べたのは節句から一か月くらい後に来る、コクシという休み日にだったともいっていた。能美町高田では、グミをブイブイと呼び、粒の小さい秋グミをオナゴブイブイ、こちらをオトゴブイブイと呼ぶ。

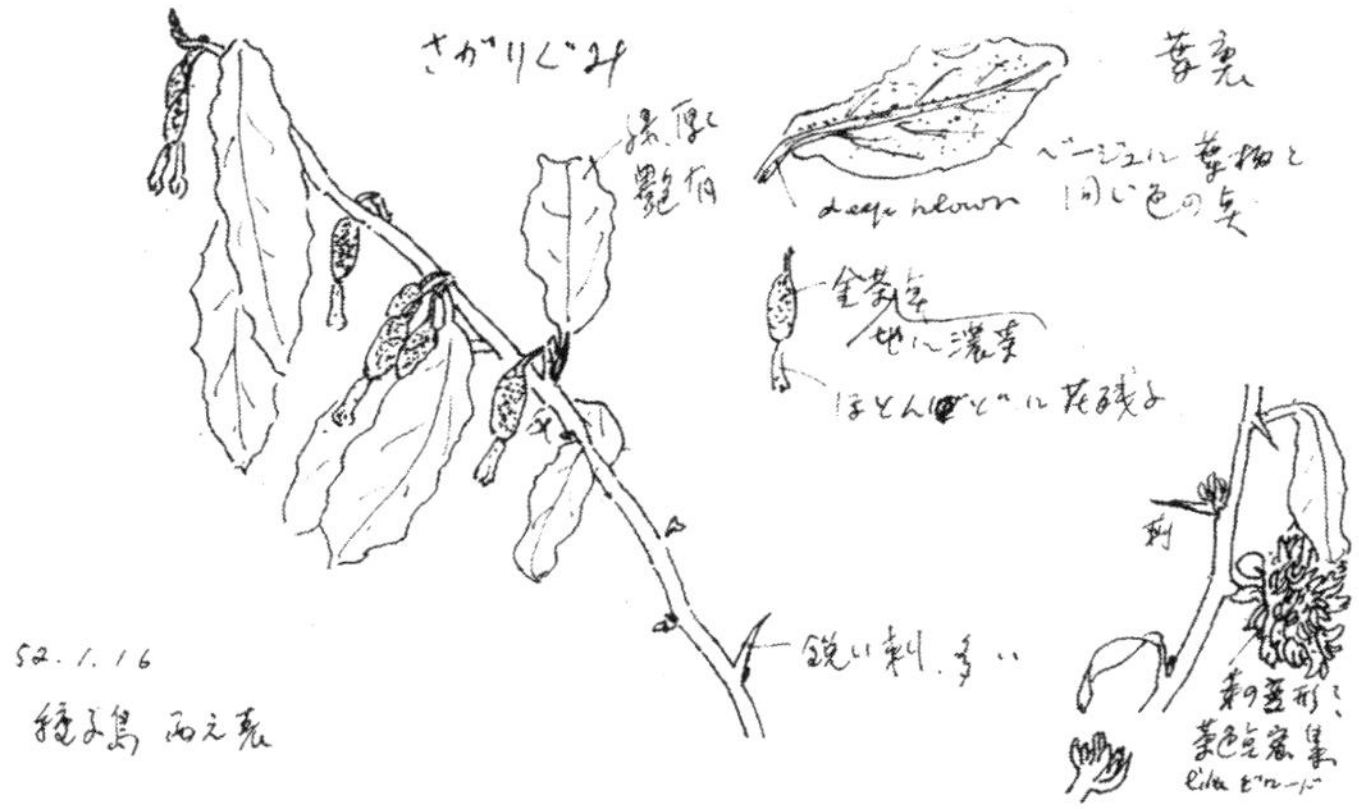

岡山県の勝田、英田《あいだ》郡《ぐん》、津山市のナワシログイビ、兵庫県千種町のグンビも枇杷《びわ》と同じく、寒くなりがけに花が咲くというから、これもナワシログミであろうか。また三重の阿山町でいうタウエゴミも、この後にヨコヅチゴミが出るといい、滋

賀の甲南町では、ナワシロゴミの後にクサトリゴミがあるという。

大隅半島の真ん中辺、吾平町から南下して池田に向かったのが四月の一〇日であったが、この日、途中の山の土手にもう六分方赤くなっている、しかも枝がだいぶんかしぐほどどっさり実をつけているグミの類を見た。今までの話からしても、四月に熟れたのを見るのは当然かも知れないけれど、北の人間にはやっぱり珍しい。山形で、私などが春グミと呼んでいるナツグミを食べるのは、ほとんど七月に入ってからであった。

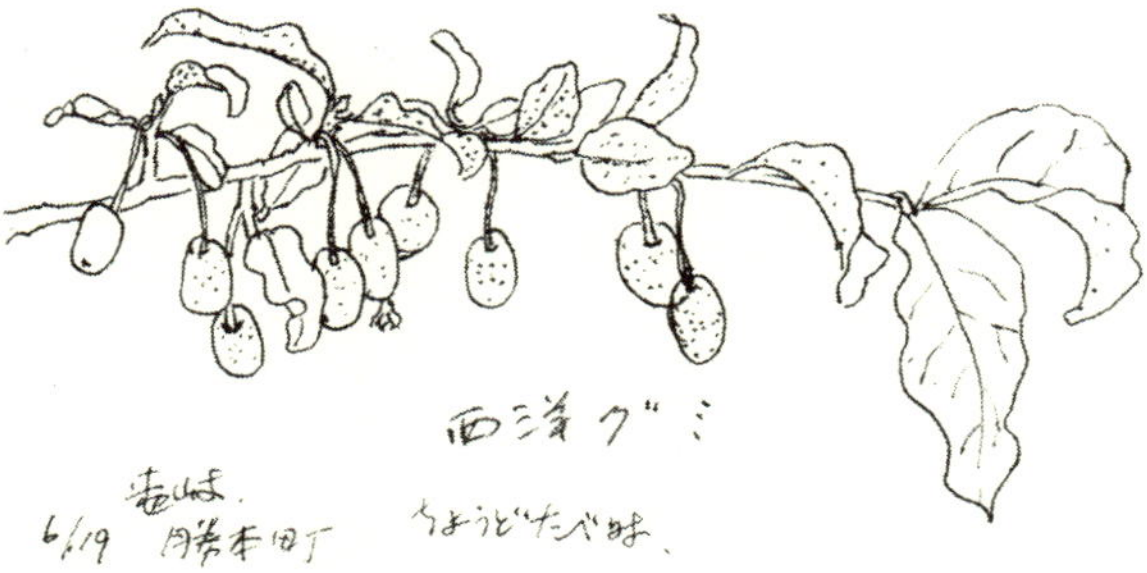

　吾平町や、もっと南に下った田代町の辺りでは、これをトラグンという。間もなくして渡った甑島《こしきじま》では、上・下の島ともトラグメ、それから壱岐の石田町だとトーラグミ、郷ノ浦町でタワラグミという。甑島ではツルグミの方をホントラと呼ぶところもあって、虎とか本虎とはなんとも恐ろしいグミであると思ったが、郷ノ浦町で呼ぶようにこれは「俵」である。グミの形が長楕円形でそんな格好をしているからで、こちらの方では俵をトーラという。

　今も出たツルグミというのは、やっぱり私などの初めて見たグミで、南の島に多く、周りの群を抜くくらい大きくなったら、その頭からつるとも見えない強靭そうな枝をシューッと伸ばして、四方の木の上から覆い被っている。隣り近所からはいい顔をされないのだろう。実はグミ中最も大きく、そしておいしいといい、また木が古くならないと実がならない。枝は素性がいいので、他のグミ類もこれは同じであるが、杖にされ、またジゼカギ（自在鉤）にされる。甑島《こしきじま》でシログミ、またシロタグミと呼ぶところもあるのは、実の表面の白っぽい点で、全体白っぽく見えるのだという。

隠岐では、これに二種類あるといった。山の方にあるツルグミに対して、もう一つは海岸ばたにあり、オオバグミという。時期はツルグミ以上に早くて、正月頃色づくのさえもある。ただし普通食べるのは四月だそうである。

沖縄大宜味《おおぎみ》村《そん》喜如嘉《きじょか》の子たちは、クビ（グミ）を食べながらうたった。

クビ食えーば　上枝《ういゆだ》食え
ギーマ＊　下枝《さー》食え　　＊黒い小さな実、おいしい
グリブ＊　中枝《なは》食え　　＊みかん

クビは、木の枝の上の方が熟しておいしく、ギマは下が大きくて良く、クリブは中枝がいいという。

いつきんぼう——ヤマグワ

岡山県奥津町の羽出ではヤマグワつまりヤマボウシをイツキと呼んで「イツキンボウがたんとなりや豊作だ」という。この木は高木にもなり、白くて四枚の羽根を広げたような花を（本当はガク）咲かせる。木いっぱいに開いた大きな花を見たら作物のみのりだってきっと請負われたような気になるに違いない。

そういえば私の村にもこの木は一本あったのを思い出した。お墓の旧道にあって、いったん走り出したら止まらないという急坂の道のかかりにあり、花は見たことがないが、たまに通ると赤いこの世のものとは思えない、そして、今ならばバナナの味のような妙なる実が、せいぜい一つか二つ手に入った。赤いとはいい条、朱がまじった、これも他にはないふくらみのある色で、肌はでこぼこ、一見イチゴの大きいように見える。

東北ではたいていヤマガとかヤマグワと呼ぶ。ヤマグワダンゴと呼ぶのは、山形の朝日町杉山の辺りである。宮城県の遠刈田地方では、切り株に新枝の幾本かが育っているのを株ごと丸切りに挽いて来て小正月に団子をならせる。それでここではダンゴノキという。

岡山とか島根、鳥取それから新潟の辺りではイツキとかウツキ、オツキというのが多い。岡山県の湯原町で一番奥の部落の社から富村に抜ける峠、池の峠《タワ》に行く途中にウツキガナルという場所がある。ナルとは山の中でも少し開けた平坦地のことで、「なるいとこ」とか「あそこに細《こま》いナルがありましてな」などといい、この辺にはアシワナルとか、なんとかナルとか、いろんなナルがある。ウツキガナルは一ヘクタールくらいのところでウツキが余計あった。社の子供たちはよくとりに行った。オツキの実はそろそろ食べる頃だろうともいう。それで私は急遽コースを変更してその道を通って行こうというと、こんなこともいわれた。

峠道は、部落の者も通ることがない。草が茂ってとても歩かれん。それになによりも、ウツキガナルのウツキはすっかり伐ってしまって、今はなにやら他の木が植林されているという。

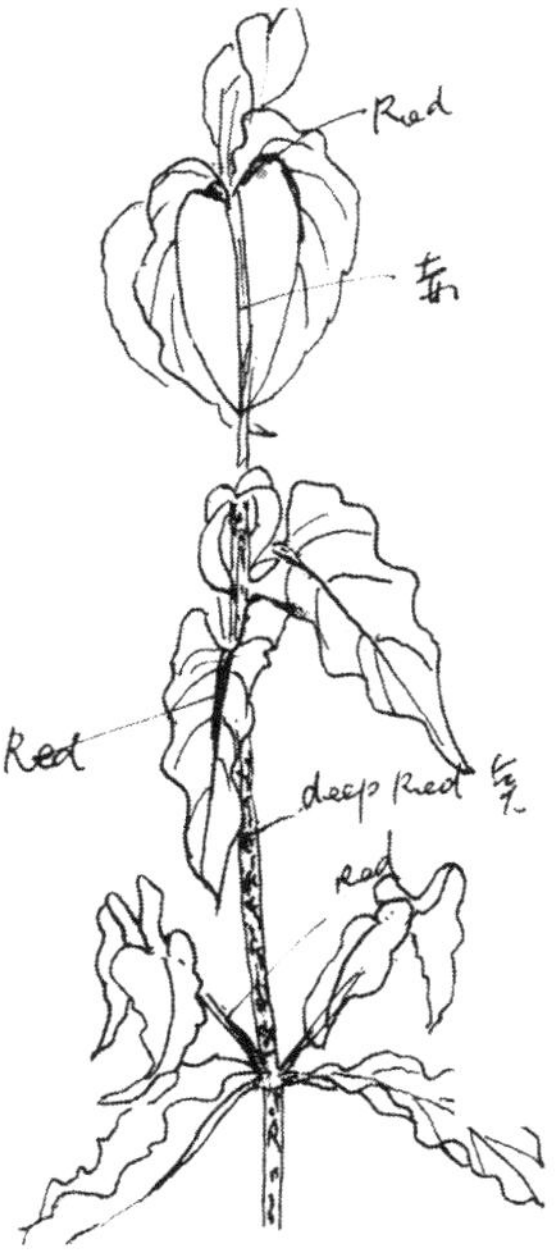

ヤマグワは堅い木なので、いろんな道具の柄にされる。岡山県八束村では、マサカリの柄にこれほどいいのがないという。樫やなにかでは直ぐ手が痛み、豆も出来て柄も握れぬようになる。冬分のた

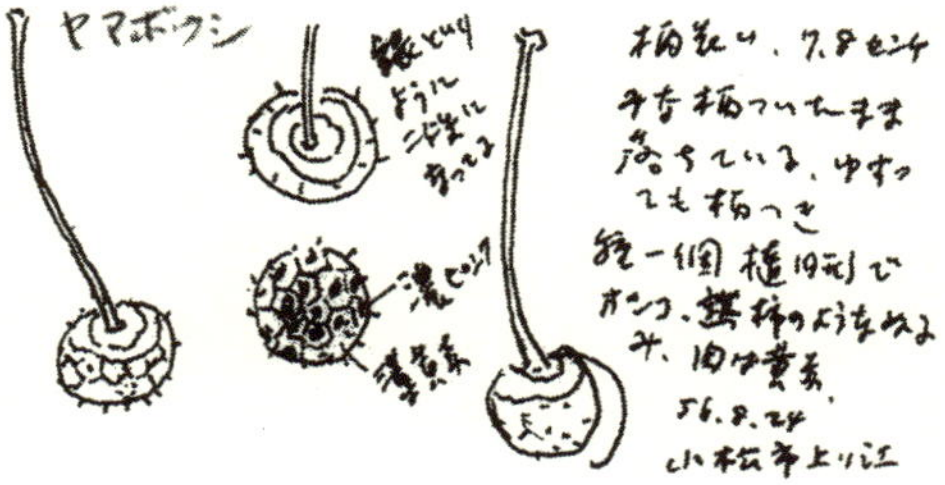

きぎに毎日何十把ずつと用意したのである。そこに行くとウツキは伝わる響が柔くて「ウツキは手が痛うないすけ」という。柄にするには枝を四つ割りにし、一本のままや二つ割りだとひねる。これを一週間ほど水につけてアクを抜く。これだと絶対割れたりしないそうである。

ホシとかボシ、ボッシ、ボウシとずんずん和名の一つヤマボウシに近づいた名で呼ぶようになるのは、岐阜県の揖斐《いび》や本巣《もとす》郡。揖斐郡の徳山村でカンジキを作るには「前クロモジに後《うしろ》ボシ」といって前後に別れた後の部分を必ずこれで作る。この辺りでボシを食べるのは、栃拾いに行く頃だそうである。

ふーふーまめ ──カラスノエンドウ

カラスの豌豆《エンドウ》。傍にからまるものでもあれば幸い。なければひょろひょろ立って、半ばから横に広がるつる草である。

初夏の頃、小さな細長いさや豆をつけ、子どもたちはこれをとって、成り口の方をちぎり、腹を裂いて豆を出し、笛にして遊ぶ。シービー、シービビとなるので名前も、

シービー……大阪府寝屋川市香里園、滋賀県愛東村大林
シビビ……滋賀県甲賀町、群馬県妙義町、下仁田町、白沢村、愛知県稲武町、山梨県甲府市
シービビ……淡路島、福井県池田町
シービービー……佐渡真野町、島根県六日市町

などと呼ばれる。島根の柿木村、日原町、津和野町ではショウブ、六日市町真田や畑詰ではショウビ

ーだが、これにも鳴り音が隠れているようだ。

この音をピーピーと聞いたのは、岐阜の金山町や、島根県江府町江尾の子どもたち。鹿児島県長島指江のブブマメ、同じく山門野のフーフーマメ、喜界島川嶺のフーマメも、笛をいうのだろう。

　五島の宇久島山本では、

　　鳴らねば　つん切ーっぞ

と、トウエンズの笛を脅した。

同じ宇久島の小浜での名前は、ネコエンズという。巾五ミリばかりの細いさやなのだから、中の豆も知れたもの。それでもこれも食べられた。四国徳島小屋平村大北でカラスマメは、サヤの青いうち、中の豆だけを出して炒って食べた。大変うまいという。ここでは、これとよく似てサヤのごくごく小さいのをスズメノマメと呼ぶのである。この両者の呼び方は、東隣神山町阿《あ》保《ほ》坂《ざか》でも同じで、スズメノマメもカラスノマメも一緒に混じって生えている。

鹿児島県の伊唐島でガネ（蟹）ノマメは、塩を入れて茹でて子どもが食べる。「歯でサヤをすごいて」というのだから、これも青いうちサヤごと煮るのだろう。

けれども、すっかり熟してからの豆を豆炒りのようにして食べた地方もあり、沖縄の今帰仁村平敷《なきじんそんへしき》でガラシ（烏）マメはそうして食べ、「炒りーき、まーさん（炒ったらおいしい）」という。喜界島の山田で聞けば、熟したらさやも実も真黒になる。そうなった豆を味噌にも煮たとのことだった。

カラスマメの名称で呼ぶ地も、栃木県田沼町、滋賀県土山町、日野町、広島県江田島、大和町、東広島市と広く、滋賀の甲賀町新田や、三重県阿山町丸柱ではカラスノエンドウと和名どおり、種子島西之表《にしのおもて》ではカラスエンドウと呼ぶ。

また、エンドウ系では、イシエンドウ（佐渡羽茂町飯岡）、ヤマエンドウ（徳島県東祖谷山村小川）、クサエンズ（五島玉之浦町頓泊）、クサエンドウ（壱岐郷浦町沼津）、エンドウグサ（十津川村上葛川）がある。上葛川のちよさんは、「エンドウグサ、麦にからまったらしようない。麦ごしらえした中に種子いっぱいまじる」と口説いていた。隠岐島でも、モギマキ（麦巻）と呼んで警戒している。

この島には他に、ハチェハチェエンドウ（西郷町元屋）、ビービーハチハチ（知夫村来居、仁夫）、またハシハシ（知夫村来居）の名前がある。成熟して黒くなると、さやがはじけて実を飛ばすからだという。来居では、弁が立つ人を例えて「ハシハシみたいな人だ」というと。

女の子にとって、これの豆はお手玉に入れる材料ともなった。

田芋──クロクワイ類

福島の飯館村《いいだてむら》で、タイモはラッキョウよりも小さい、ピーナッツの粒くらいだという。排水の悪い田圃《たんぼ》によく生え、ある処にはびっしり生える。昔は、寒の内に田圃の土を「凍《し》みらがすとやっこい」といって、秋の農仕事も済むと四本こ《す》（四本歯の鍬）でうなった（耕した）。その後を歩いて、出て来た芋を拾って食べた。そのまま生で食べる。栗みたいだが、それより少し甘味が少ないという。葉っぱはゴザグサ（イグサ）のようで、これをしごくとプップップッと音を出す。ゴザグサと違って中に芯がなく、空気がつまっている。この根の玉は黒い色をしているが、もう一つ白い芋もあり、こちらは葉がクワイのようで白い花が咲く。白い芋とは、オモダカのことである。タイモの名は、それより南に下った川内村の辺りでもいう。

宮崎の東郷町では、これをタグリといった。田圃の栗であろう。二番草（田の草取りの）頃からみいる（実が入る）、まん丸で煮たらまずかった、生の方がいいという。同じ東郷町でも、坪谷や隣りの南郷村だとユガヤ、またユガヤの根という。イトスゲみたような細い葉で、根の玉は表皮が黒くて中身は白い。六月頃、生で食べて甘い。南郷村の上古園では椎の実のよう、上渡川では栗の味だという。

島根の六日市町や、そこから広島側に入って直ぐの佐伯町でだと、名前がギワ、イガヤ（イグサ）のような草で、根に小さな黒い芋がある。田の草除りの時、道路に投げ出してあるのでそれを拾って噛る。さつま芋の生にそっくり、少し古くなると酸っぱくなる。

百姓が田圃で一番嫌うというのが、このクログワイとオモダカと、それからヒルムシロである。いずれも根に芋があって、それから増えて行く。ヒルムシロは芋ではないが、櫛のような芽が深い底に

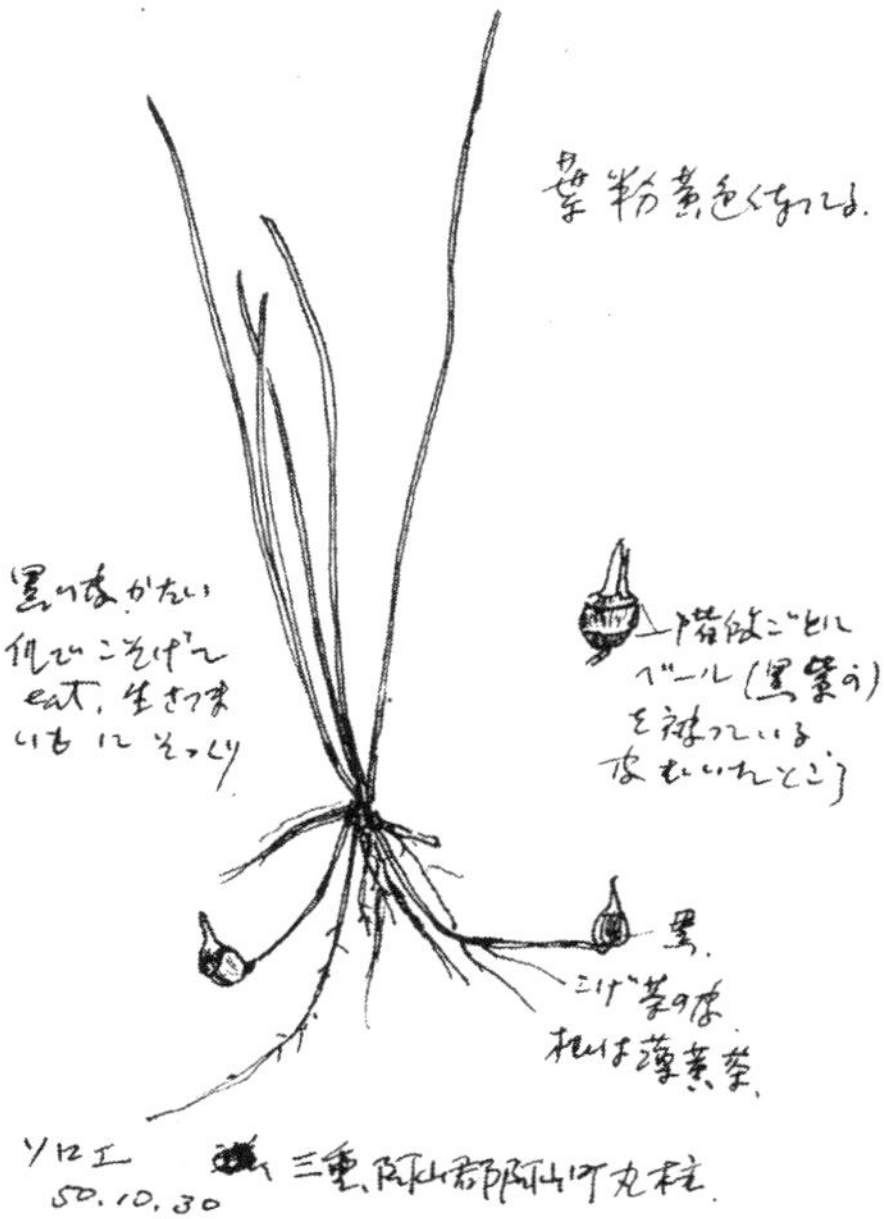

潜んでいる。これらだけは除草剤も利かないので、一つ一つ芋を掘り出さないと絶やすことが出来ない。滋賀の木之本町で「よぞい草でな」といった。よぞいはよく解らなかったけれど、このようにやくざな草だというのだろうと思う。信楽町では、田の草とりしながらこの芋を掘り出すと、また落したりなどしないように、ハバキ（脚絆）の合さりに挟んで田から上ったという。この辺りの名前はソロイである。同じ町の朝宮で明治

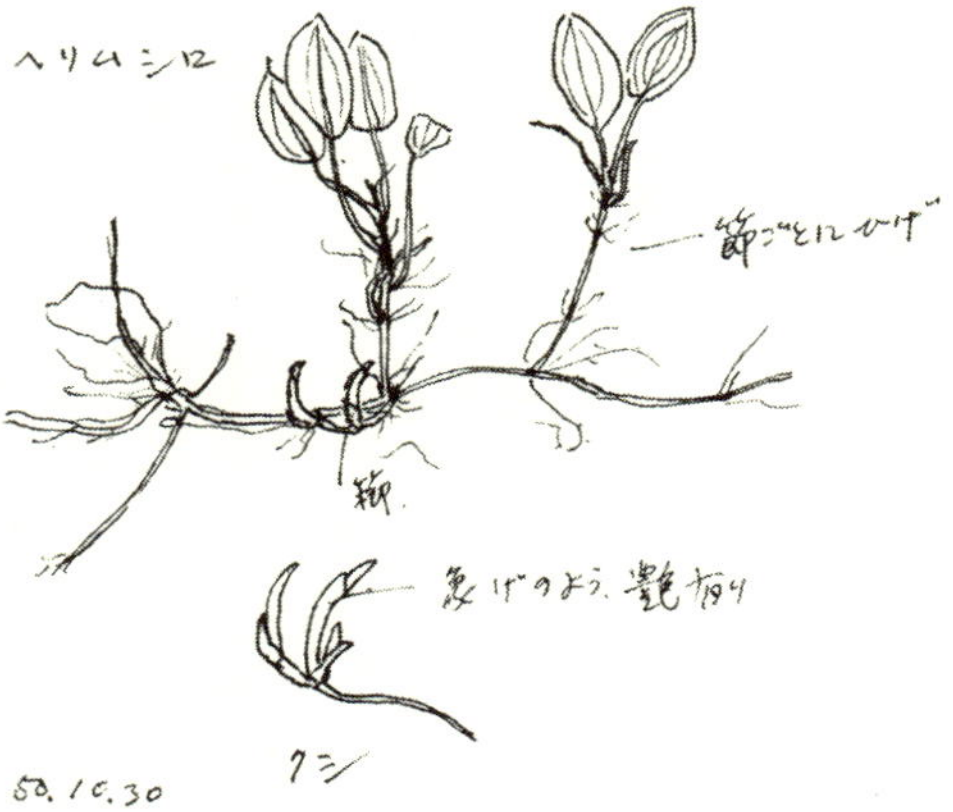

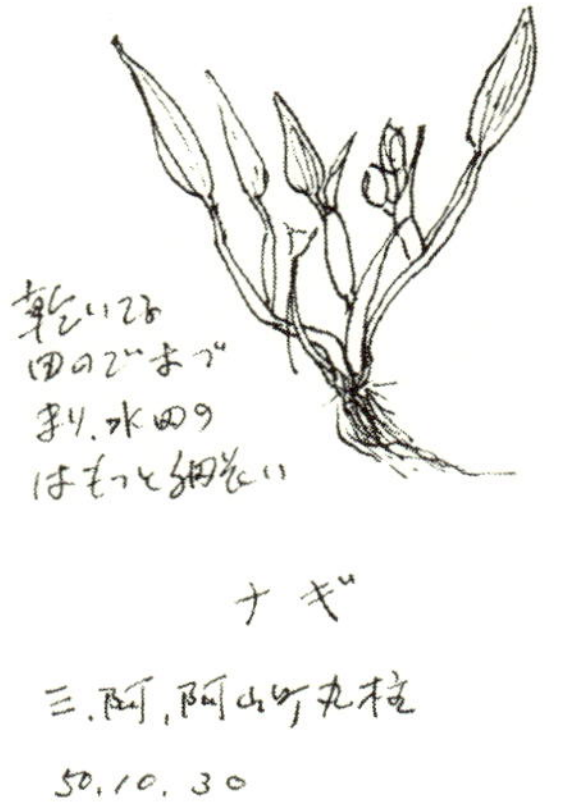

二一年生れの北田さくさんが、「ソロイはトウシミみたいな草でみ（芋）がある。甘い甘いみでしたわ」と語った。
図のソロエはこの信楽町の隣り、阿山町丸柱のものである。根から上の葉の丈が四〇センチ、芋は一株に二、三個から四個くらいついていて、小指の先ぐらい、薄皮を除けた表面は堅くて、黒褐色に艶があって美しい。芋のついてる根には、ツクシの袴のような焦茶色の節が処々にある。この部落の福森みえさんが、いつもソロエがあるという田に下りて、ドロドロのぬかる田に入って掘ってくれたのだ。私は前にオモダカを何度か掘ってみたけれど、ついぞ根の玉に出合わずに、田の芋不信に陥っていたが、私のような掘り

方は、あれは抜き方であって掘り方ではなかった。ブルドーザーか、頭の上からカブト虫の角のようなものを出して、先についた顎をがっくんがっくんいわせながら、土砂などをくわえ上げるのがあるが、福森さんは、あの顎みたいに田の面四〇センチくらいの巾に、五指を充分に広げて、深く深く突き立て、肘近くなったところで底から土をさらった。

もう寒い時であった。殊にその日は雨もよいの震えるような夕方であった。田圃の端に立ってるだけで心底まで冷えた。その中を明治生れの福森さんは何度もこれをやって、根が出たかといって吟味し、ソロエだけでなくオモダカも、ヒルムシロも掘ってくれた。

たんぼの土手で、赤いかじかんだ手をしながら大人しく待っていた小さなお孫さんも、なんといい子であったろう。

すずめのすいこ ――カタバミ

福島から宮城に抜けての七ケ宿町《しちかしゅくまち》で、「子どもん時はハコベを噛ったけ」と聞いたので不思議に思ったら、ここでいうハコベとはカタバミのことであった。カタバミをハコベとは、山形の最上地方やそこに続く秋田の雄勝郡、岩手の沢内村などでもいう。本当のハコベの方は、どこでもたいていアサシラゲである。

カタバミは跪《ひざまず》くか、いや腹這いにでもならないと話が出来ないような小さい小さい草であるのに、酸っぱいことでは他の仲間にひけをとらない。スイスイ、スイスイバの名前がまたここでも繰り返されるが、酸い名もこうなれば区別など厄介になる。スイバもカタバミも同じ名で呼ぶところも多い。京都の日吉町など、スイバもスノキもカタバミも同じスイモンであった。でもまた何とか工夫しているところもあって、京都の京北町だとコマスイト、スイト（スイバ）に比べてこまいからであろう。長野の須坂市ではスズメノスイコ、秋田の井川村だとスズメスカンコ、同じ仁賀保町《にかほまち》でアネコスカスカ、スカスカはスイバ、スイバで大柄なギシギシはンマノスカスカ。

カタバミは、梅干しに使われることもある。福島の飯館村で、子どもたちは塩で揉んで食べたし、親たちは紫蘇《シソ》とスズメノハカマを一緒に揉んで梅漬けを作った。赤いいい色になる。梅は入れないでも紫蘇とカタバミだけですでに色は出るのである。もしスズメノハカマを入れないならば、その時は梅の幾つかをこわしてもみ込んだ。青森の十和田市や三戸郡《さんのへぐん》の辺りでもシッカンコ（カタバミ）を昔は入れていた。けれども今は使わずに、「梅コ皮むいで漬けてる」そうである。紫蘇と梅とをただ一緒にしただけでは、直ぐ赤くはならない。青い梅の肉を包丁で欠くか、擂鉢《すりばち》の目でごりごりこすったのを入れたりすると、たちまち真赤になる。要するに、色に出るには酸味が要るのらしい。

飯館村のスズメノハカマの名は楽しい。男たちのはくハカマというのは、どんなに乱れたようになっていても、たたむ段になって床の上にのべると、折り目のひだがピタッピタッと吸いつくように決まって、それは何も袴だけのせいではなく、たたみ手の技だってあったのだろうが、とに角、見ていて楽しいものだった。カタバミの三つの葉も、日暮れになると箪笥にしまうばかりにきれいに畳まれる。ハカマの名が、もしこんなところから出たと考えていいのなら、袴を畳む母親の手許を懐かしいものに眺めていた子どもたちも、決して少なくはなかったのである。

福島の伊達《だて》町伏黒《まちふしぐろ》では、葉や茎の青い色をした方をオトコバカマ、赤い方をオンナバカマという。

夏苺 ――ナワシロイチゴ

この苺は、どこでも余り大切にされていない。春真っ先に現れて人々を喜ばせた草苺やキイチゴと違って、人の心の満ちた頃、出て来る時の選び方も悪いながら、われわれをそわそわさせるような味でもまたない。じじつ、当方も、この苺の名前はすっかり忘れていて、姉の一人に聞いてみたら、バラエズゴ(イチゴ)だったそうである。そういえば、山形の最上の地方もこの名だったし、栃木県の葛生町でもバライチゴであった。他のどの苺も刺のあるバラなのに、こちらは田の畔《あぜ》とか手近なところにあって、他よりバラに触れることが多かったのかも知れない。

五島や甑島《こしきじま》でもイゲイチゴ、広島ではクイイチゴで、イゲとかクイとかは、いずれも刺の意味である。この苺のことを人に尋ねる時は「田の畔などにあって地を這っている苺」というのが一番いい。田の畔だけでなくて、土手にでも道端にでも多いのだけれど、とも角、地面の上を這いまわるのである。それで秋田のハイイチゴ、ハイバライチゴ、五島、平戸のヒャアイイチゴ、ヒャアイゲイツゴの名もある。広島の豊栄町や三和町ではドンガメイチゴといったが、これもドンガメ(泥亀)のように地べたを這いまわっ

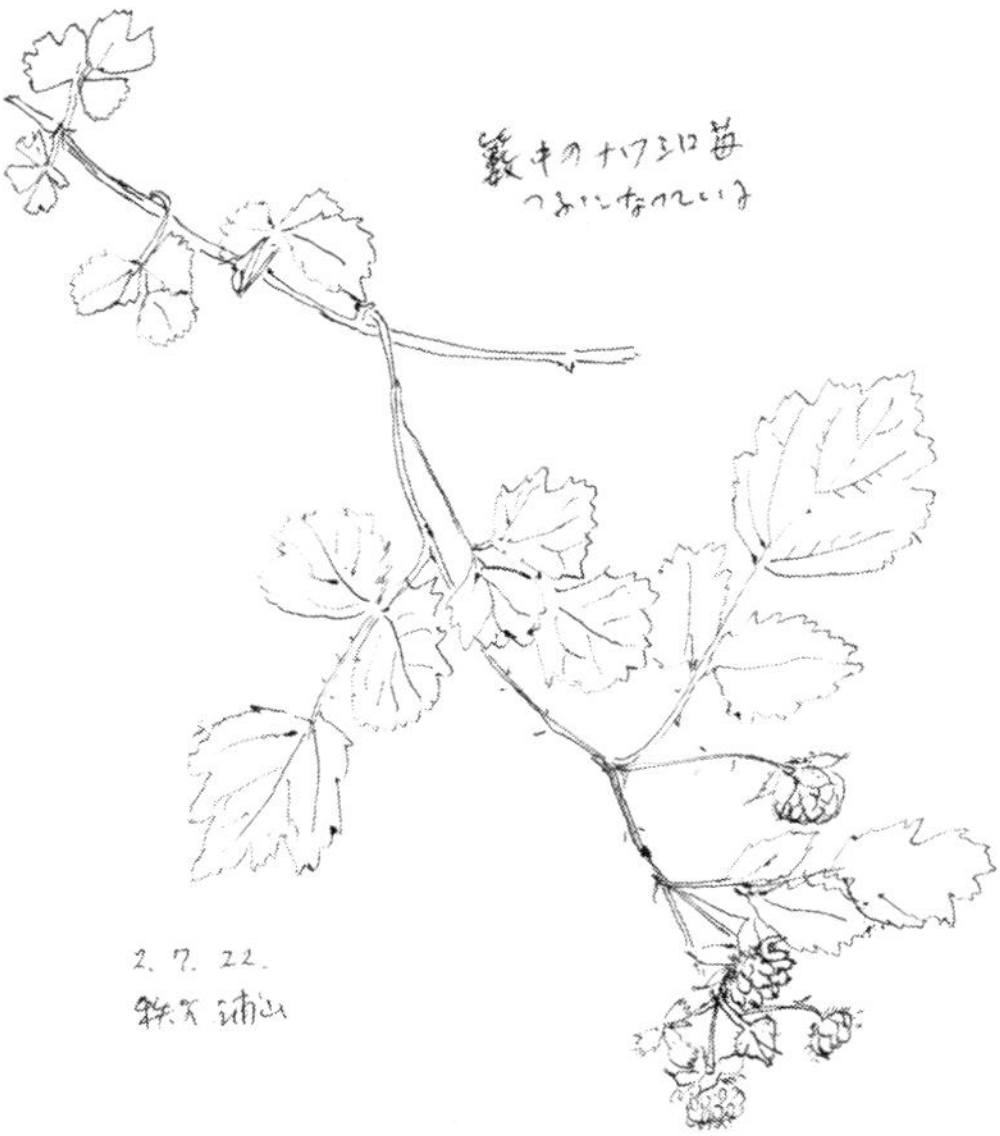

ているからだろうと思う。

島根県日野郡や隠岐の西郷町、宮崎の諸塚村ではナツイチゴ、兵庫県千種町、岡山県西粟倉村ではドヨウイチゴ、五島の奈《な》留《る》島《しま》や若松島ではナガシ(梅雨)イチゴという。こうした名のように、ナワシロイチゴは暑いさかりだったり、物の腐りやすい梅雨の頃だったりするので、子どもたちをなるべく近づけないようにもくろんだ名前も少なからずある。岡山県川上村や勝田町、それから山口県鹿野町や錦町でハクランイチゴというハクランは、夏の暑気にあたって起る病気、暑さがきいて寝込んだりすることだといい、「陽がきけてはくらんした」とも、また「そんな苺食ったらはくらんがつくだ」ともいう。大分県緒方町の木野や徳田だとカクランイチゴ、鹿児島県知覧町ではダレイツゴで、「たもつと(食べると)だれる(疲れる)」。天草や、長島、伊《い》唐島《からじま》では、悪口が少し利き過ぎたようなションベンイチゴ、ションベイチゴ、それからまた、

平戸市大野でいうタリカブリイチゴのタリカブリは下痢のことだという。

昨年、私は歩きながら随分この苺を食べた。五島で五月の末にはもう熟み初めていたし、それから一か月間くらいはほんとによくつまんだ。どんな道にだってあって、食事の後など水の代りにもなったし、またいい加減くたびれて歩く時など、格好な道草の種になった。それに不思議なことに、南のこれはおいしかった。その頃は、毎日毎日いい日和が続いたのである。ところが、梅雨になってからはひどかった。あの少し目立ち過ぎるくらいチカチカ光っていた実はどんよりし、雨をいっぱいに吸い込んでぶよぶよになり、雨の上がった日に食べてみたけれど、わずかのうま味も、それから酸味さえも水増しされて、それはもう食べられる物ではなかった。つけ根の方から腐ってるものもあったし、蛆虫のようなのだって住みついてるのがあった。あれでは、腹の小さい子どもが見境もなくとって食べたら、ほんとに病気にだってなりかねない。やっぱりこの苺は、時期選びが悪かったのである。

たんばほうずき ──ホウズキ

ホウズキが真赤に熟れるまでなど、子どもは待っていられない。色づく早々から相手にしはじめるのである。そんな時のホウズキはずいぶん苦い。覆いの袋をむき下げ、てるてる坊主のさまになして揉みしだくに、掌はヤニのようなものでしわくなり、うっかり口にでもしたら震え上がるほどに苦い。この苦さはホウズキの全草に及んでいるのだろう。

生れ子の胎毒下しと称して苦い蕗《ふき》の根を吸わせることは各地で行われるが、ホウズキをそれにあてる土地もある。茨城の大子町《だいごまち》大能ではホウズキの根をつぶした汁を水でうすめて、生れたばかりの子に飲ませる。静岡県の中川根町向井のきょうさんは、ホウズキの根をさらしに包んでつぶし、吸わす。きょうさんは、兄弟が生れた時にさせられたといった。

苦いホウズキを吸わせることに同情した結果であろうか、静岡市井川では、ホウズキの玉を布に包んで生れて直ぐに吸わし、「百虫を切る」といった。

ホウズキを正月に食べるところもある。宮崎県椎葉村小崎では、元日の朝のハガタメに吊柿五つくらいと陰干しにして置いた赤いホウズキを二、三個ずつ家族みんなにくれる。餅とともにこれらを食べて、茶を飲む。女の子は、ホウズキの中を抜いて鳴らしたりした。

「盆にフウズキはなくてなんない」(千葉県山武町埴谷)という地方は全国に広い。栃木県葛生町原では、盆棚に竹を両側に立てて間に縄を張り、縄目に幾つかのホウズキをはさむし、鳥取県関金町泰久寺では、シャアラダナといって仏壇前にオガラの棚を作り、ササゲを下げ、そうめんを掛け、ホウズキを飾る。島根県吉田村菅台では、棚の竿に、大豆枝、芋茎、ホウズキなどを飾る。京都府丹波町上野や福岡県大島では「ホウズキは仏さんの提灯だ」といった。

鹿児島の山川町下山では、千成ホウズキをノフズキというに対し、仏様や墓に供える赤いホウズキをタンバフズキと称する。甑島《こしきじま》手打では千成ホウズキがヤマフウジキ、赤い方がタンバフウジキである。

タンバホウズキというのは普通、型の一つ大きいものである。このタンバホウズキと同じものであろうか、横に広いほど平べったくて大型のものがある。秋田の比内町水垂ではクルマホウズキという。車の輪にでもたとえたのだろう。同じ秋田雄和町繋では同種をイッパイホウズケ、同町平沢ではエンドボウズケという。普通の尻尖りの方はただホーズケである。

新潟の山北町小俣ではホウズキに三種あるといい、とんがった袋はオトコホウズキ、平べったいのはモチホウズキ、いちばん大きく、丸型なのはエドホウズキといっている。広島の福富町上戸野でも「丸くて平べったい大型のもの」をモチホウズキと呼ぶ。

佐渡羽茂町飯岡では、普通のホウズキに対して、大型のをベントホウズキだ。

岡山県西粟倉村は長尾で小椋さんのいった、ミカンホウズキというのは、

「普通のより玉もサヤも大きくて、サヤは先とがらずに平べったい。根がヘソのところで離れ悪く、破れ易い」

というからクルマホウズキのことだ。横に広いからミカンと名づけた気持もわかる。一方、普通のホウズキの方はエドホウズキと呼ぶという。平戸市紐差《ひもさし》でも、ホウズキはエドホウズキだ。

愛知の北設楽《しだら》町津具ではクサホウズキ（千成ホウズキ）に対して、赤いホウズキはニガホウズキと名付け、五島の新魚目町《しんうおのめちょう》浦桑や丸尾でも、ニガヘーズと呼んで苦いところで区分けしようとする。岐阜の坂内村広瀬や坂本ではチョウチンホウズキ、これに甘いのと苦いのと二種類あるという。

玉を揉みしだく時は、ていねいに時間をかけてやらないと首尾がよくないので、子どもは繰返し唄を口ずさむ。

根ーさき出ーろ
種あと出ーろ

（栃木県田沼町船越）

ねはねんねん出ろ
種はたんねん出ろ

（神奈川県）

んめんめ　子生《ん》め

（京都府和束町）

おぼうずで出やんと
根ぶかで出やれや

（鈴鹿市小岐須）

おぼんにならんと
ねぶきょになーれ
ねぶきょに　なったら

赤いべべ着せる
（滋賀県土山町鮎河）

根ーぬけ　実《さね》ぬけ
根んねが　抜けたら
さーねやろ
（高知県香我美町）

埼玉県秩父市浦山のつゆさんたちは、空にしたホウズキの穴にちょうどはまる太さの麦わらを切ってさし、吹いたり、吸ったりしても遊んだりしたという。吸うと、ちょうど杓子のようになる。

猿の首巻 ——ヒカゲノカズラ

浅木の林の下生えにヒカゲノカズラを見つけると、長くどこまでも伸びているこの草を、追っかけて行って捕えるみたいにひきはがして、胴に巻いて帯にしたりした。ところどころ枝分かれしているものの、草とは思えない乾いた感じの、細葉が毛のように連っているこの長くて緑のかずらは、天然の帯のようで、どうにも身にまとわずにいられない気持になるのである。

その思いは誰も似たようだったらしく、各地のこの草の呼び名には、どれもそれが織りこんである。ただし人間のためではなくて、他の者たちに献上してあって、それがみなみな何ともおかしい。

いちばん多いのは「狐の襷《たすき》」、新潟から滋賀、奈良、京都、兵庫までである。静岡の中川根町向井や京都の三和町大原でだと、これが「狐の衿巻《えりまき》」である。京都の丹波町上野でだと「狐の首巻」だ。岐阜の徳山村櫨原では「猿の首巻」、三重の熊野市飛鳥町神山でいうエンコノクビマキのエンコも猿のことである。滋賀の木之本町杉野では「猿の褌《ふんどし》」、愛知県東栄町尾籠のは褌は褌でも「天狗さまの褌」、ここでは痩せ山にあると教えられた。

「鬼の褌」と呼ぶのは三重の紀和町や、それに続く和歌山の熊野川町、奈良の十津川村などである。十津川の永井、玉垣内、上湯川ではまた「山の神の襷」、上葛川では「山姥《やまんば》の襷」ともいう。熊野川町小津荷や請川、近くの本宮町発心門、また熊野市小阪では「鬼の口髭《ひげ》」である。岐阜の串原村松本でいう「よーだっつぁんの褌」、のよーだっつぁまは雷さまのこと。愛知の稲武町でも「よーだっつぁんの褌」、長野の根羽村中野では「よーだちの褌」という。岐阜美濃市口板山《くちいたやま》の「蛇《へんび》の首巻」にいたっては、相手方の困惑もこれに尽きるというところである。

奄美大島では、海に沿った道の山側にいくらも体伸ばしていた。丈はそんなに長くないようだった。名前を尋ねたらイングヮとか、イングヮイングヮという。毛が密生しているところから「犬コ」にしたのである。これに遊びがあり、長いままの一本を持ってぶら下げ、

犬《いん》ぐゎ犬ぐゎ　なーれ

というと末の方が揺れる、震動するという。宇《う》検村《けんそん》湯《ゆ》湾《わん》では、

かんかん　なーれ

と唱え、それがそのまま草の名前である。吉田菊太郎さんが実地にやってみせて「なゆすがな、ほれ」といった。発音が微妙で、なーれはねーれとも聞えるのだが、地震をナイという、それと同語である。

しかし、この草は子どものもてあそび物となるだけではない。私が和歌山県熊野川町請川を尋ねたのは昭和六〇年の二月一九日であったが、まだ軒ごとぐらいに節分の焼きかがしが立ててあった。刺の鋭いアリドウシかヒイラギにイワシの串をさし、それにヒカゲノカズラが加わっているのである。ヒカゲノカズラはそう長くなく切って、他のものとしばり束ねてある。その前日、寺の多い紀和町小栗須で宿さがしにうろつくこちらを哀れんで拾ってくれた町中の東さんの入口にも、これが立ててあったから同

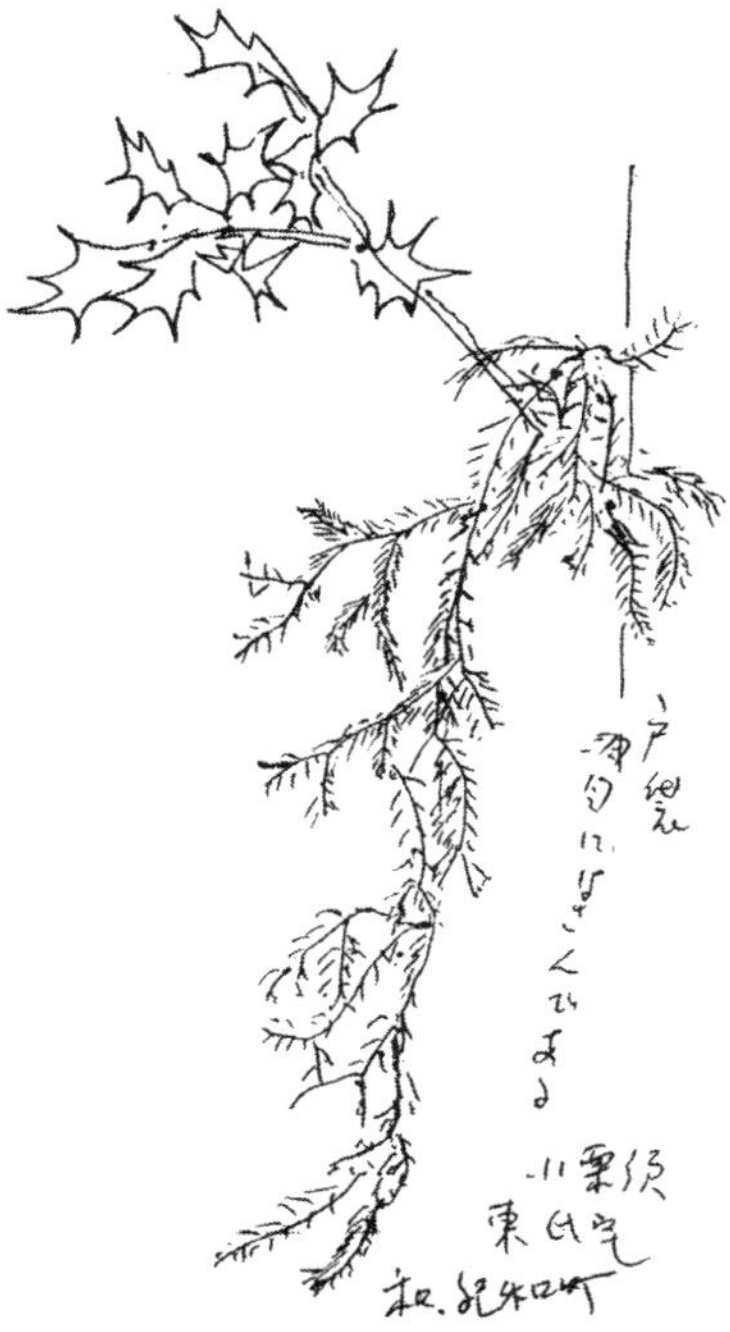

じ風習はなお広いであろう。

節分に限らず、ヒカゲノカズラを戸口に吊るしておくところもあった。奈良県十津川村上葛川では、家の入《はい》り口《ぐち》にしめ縄のように長く吊って、「悪病入らん」といった。

しかし右を話してくれたちよささんは、じっさいに見たことではないといった。自分の一五、六歳の

時、悪い風邪がはやった。雨戸を開いた家がないぐらい、自分もかかり、長いこと頭が痛かった。この際もりしたという家でヤマンバノタスキ張り、ここだけは風邪がまぬがれたとのもっぱらの話だった。

じっさいにあったことなのだろう、長野の平谷村旭でも、まよけになるといってマンネングサ（ヒカゲノカズラ）を輪っぱにしてトマグチ（戸口）に下げてあったという。話し手、千代子さんの筆親（仮親）の小池という家でやっていたもので、マンネングサにマンネンダケ（万年茸）、それにヒル（ニンニク）とを下げていた。マンネングサは三重ばかりの輪にしてあったという。

九州熊本五木村山口で、下内やえさん（大正七年生れ）は、オンノクビマキと呼んでこのように話した。

「他の家ではしなかったが、自分の父親は、これは悪魔よけになるのだといって、病気はやる時などに家の入口に張っていた」

滋賀の土山町大河原で、キツネノマクラは引出物や折詰めの飾りつけに用いたという。

山朝顔 ——ヒルガオ

ヒルガオが畑に入ったら、もう根絶は不可能である。肌よく、澱粉質に富んだらしい末も元もない太さの白い根を、地上にあったら藪をなすさまに縦横に走らせ、至るところから芽を伸ばす。そして作物にからまりのぼるのが得意である。

それで百姓からは、すかさずカラマリと名付けられている（秋田県雄和町女米木、繋、由利町）。秋田市泉でカラアサガオと呼んだのは、カラマリアサガオの略された形かも知れない。

佐渡の羽茂町飯岡ではツルマキ、赤泊村三川ではマキヅルと呼ぶ。沖永良部島屋子母《おきのえらぶじまやこも》ではハラマキャ、「ウギ（砂糖キビ）にも何にもはまらちよ（からまるよ）」といっていた。

宇都宮貞子さんの「蛍草抄」には、この根を食料にする長野の例が多く出ている。ほんとに芋をそうめんにしたような姿なのだ。鹿児島県長島の指江《さすえ》でも、白くて長いこの根を焼いて食べることを聞いた。ドロドロするという。

長島ではイオンメカズラと呼ぶ。イオは、こちらで〝魚〟のことだからどうしてだろうと思っていたが、隠岐の海士《あもう》村東での呼び名、イモヅラに出合って納得がいった。這いまわる姿、芋づら（さつまいもつる）に似るのである。伊《い》唐島《からじま》ではイオンネカズラ、壱岐芦辺町中山ではイオズラという。

奄美大島名瀬市朝仁《あさに》では地這いかずらの意のジベカズラという。島には浜のがけなどに、ほとんど朝顔のような紫や、真ん中に赤線の入った大きな花があった。

宮古のアメフッパナ（ヒルガオ）も同じく朝顔のような紫花であった。普通に野にあり、つるは山羊の好物である。

奄美大島宇検村湯湾でも、アメフラシバナと呼ぶ。〃雨降花〃の名は、東北、茨城、栃木、新潟と広くにある。花のあるのが、ちょうど雨の時期にあたるというのだろうか。
山にある朝顔ということで、ヤマアサガオの名もある（秋田県玉山村城内、葛巻町野中）。
ヌラ（野良）アサガオと呼ぶのは秋田県飯田川町下虻川、岐阜県春日村六合ではクサアサガオと呼ぶ。
子どもは、猪口型の花を口に当てて、中の小さい虫をおびき出して遊ぶ。

牛《べ》コ《コ》も　出はれ
馬《ま》っコも　出はれ
（青森県中里町）

白犬《いん》コ　出はれ
赤犬《いん》コ　出はれ
（秋田市）

秋田市の上新城や道川でゴマバナと呼ぶのは、この時、

ゴマゴマ　シロシロ

と呼ぶからである。

岩手県岩手町では、コスコスバナが名前で、「コシコシ　コシコシ」、また「コチコチ　コチコチ」と呼ぶ。新潟県六日町上薬師堂ではコーコーバナ、つるはコーコーヅルであった。種村準一さんが手紙で教えてくれた。

「この花を取り、唇に当ててコーコゥ　コーコゥと何度も呼ぶと、あのじょうご型の細くなった奥の方から小さい小さい羽虫（黒色）が出て来ることがありました。いつでもどこでも出るではなく、五

回に一度か一〇回に一度の遊びでした。今は土地改良で畑も少なくなり、昔は畑の周囲に桑の木を植えておき、それに巻きついてどこの畑にもあったが、今は養蚕がやみ、桑の木も畑にはなくなり、コーコー花も滅多に見られません」

提灯花　――ホタルブクロ

ホタルブクロの釣鐘状の美しい花は、名前どおりに捕った蛍の入れ物にもなっているので、埼玉県秩父では、薄紫の美しい袋のこれに蛍をいれ、その光をかざすと蛍が寄ってくるなどという。岩手県葛巻町星野や石川県門前町のホタルカゴ、岩手県岩手町相寅瀬《あいとらせ》や笹賀、兵庫県一宮町杉田、岡山県八束《やつか》村や湯原町乙川のホタルバナなどの名もそれから来ていよう。八束村でも蛍を入れたり、花をふくらまして遊んだ。兵庫県中町東山や、隠岐西郷町有木にはホタルグサの名がある。

チョウチンの名はもっと多い。チョウヂンコ（宮城県栗駒町松倉）、チョウチンバナ（佐渡赤泊村東光寺、岐阜県白川町、滋賀県信楽町朝宮、小川出、京都府京北町矢代中）、チョウジンハナ（福島県熱塩加納村大平）、チョウチングサ（兵庫県山崎町須賀沢）。山崎町須賀沢では、狐が嫁入りにさげるチョウチンだと解説してくれた人がいたが、持ち手が人間より、狐の方が似つかわしいのは確かである。山形の上山市赤山や龍沢、兵庫県の春日町三井庄ではキツネノチョウチン、富山の平村相倉ではキツネノトウロウと呼んでいる。

しかし、相手が狐となればきれいごとばかりではすまず、キツネノションボケ（静岡県中川根町向井）、キツネノションベンタゴ（和歌山県竜神村野々垣内、湯布）などともなる。静岡県水窪町草木のすえさんたちは、花をしゃぶっていて食べたり、中に苺を詰めたりもしたそうだ。

岐阜県久瀬村津汲のシブトノチョウチンはあんまりな名に思えるけれど、このあたりのホタルブクロは白い色ばかり、紫のはないというからわかるような気がする。葬列には必ず、提灯とか、灯篭《とうろう》とかがつくのである。

ホタルブクロの遊びの中心は、太鼓の胴のような花をふくらませておいて、パンとはぜさせるものである。そのまま花の末を持って額を叩いたり、口にくわえてふくらましたところを掌で叩いたり、そのままでは弱いので揉んでしわくしたりして鳴らす。名前もこれより起っているものが最も多く。広島県庄原市水越ではカッポウバナ、口にくわえてつぶすのに「カッポウ」と音がするという。

福島の相馬市今泉ではポツンコバナ、「ポツンとつぶす」といい、島根県仁多町阿中ではパッチンバナで「くわえてパッチンとつぶして遊んだ」と聞かす。

カッポ（茨城大子町外大野、里美村大菅、滋賀県土山町鮎河、大河原、日野町熊野、島根邑智郡、大分県久万町直瀬、広田村、美川村御三渡）、カッポン（茨城県里美村下深萩、大子町、大分県庄内町高岡）、カッポンバナ（茨城県常北町下右内、仲郷、常陸太田市常福寺、下大門、日立市入四間、栃木県市貝町田野辺）、カッポバナ（京都府宇治田原町湯屋谷）。

コッポ（徳島県東祖谷山村菅生、高知県吾北村新別）、ハッポ（奈良県十津川村上葛川）、ホッポバナ（十津川村寺垣内、小坪瀬）、スッポンバナ（京都府三和町友渕）。

トッカンバナ（栃木県田沼町船越、下彦間、足利市名草中、葛生町、埼玉県秩父市）、チャーチャッパ（山梨県早川町新倉）、タッポッポー（福島県いわき市四ツ倉）、タンポポ（愛知県稲武町大野瀬、大桑、和歌山県竜神村湯本）、タンポコ（兵庫県千種町岩野辺、岡山県西粟倉村長尾）。

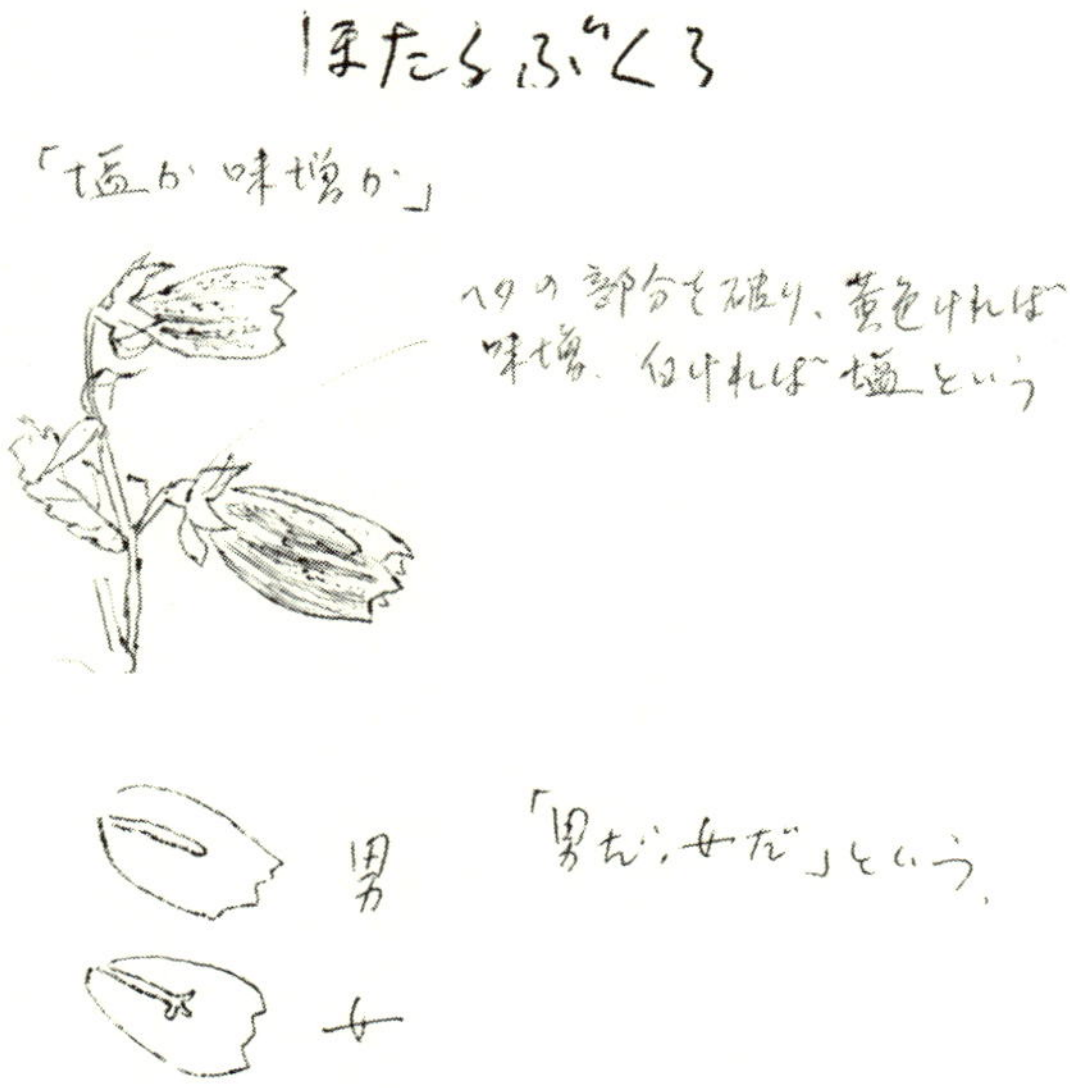
ほたるぶくろ
「塩か味噌か」
ヘタの部分を破り、黄色ければ味噌、白ければ塩という
「男だ、女だ」という。
男
女

タンポコ圏の西粟倉村長尾の小椋さんたちは、花を掌で揉んで額に打ちつける。揉んだ方がいい音を立てる。その揉む時には唄をうたった。

たんぽこ　たんぽこ
やーぶれな
木綿《もーめん》一反　買《こ》うて着しょ

広島県河内町小田や福富町、大和町倉宗でチチブクロと名づけるのは、例の薄い被膜のすれ合う音からで、ここでも揉む時に唱える。

ちちぶくろ　かァぶくろ
破けな　裂けな
ふくれて　たもれ

当地では揉んで柔らかくしたものを裏返しにして、シベをむしりとり、風船のようにふくらましたり、またくわえたままぽつんとつぶして遊ぶのである。麦わらの先にしばりつけて、吹いたり、吸ったりもした。また岐阜県平村相倉ではヘタの部分を破り、黄色ければ味噌、白ければ塩といい、さらにシベの先が一本のを「男」、三本になっているのを「女」だといって当てさせっこをして遊んだ。

コイコイバナ（福島県伊達町伏黒）、クマクマ（同県飯館村八木沢）、コシコ（岩手県二戸市似鳥）、コシコシ（青森県田子町）、コツコツバナ（岩手県川井村新田）、トウトウブクロ（佐渡羽茂町飯岡）

これら一風変った名のあるのは、花の底のシベのまわりにいる小さな黒虫を、

くまよ　くまよ

とう　ととと

などといって呼び出すからである。必ず虫が出て来るという。

ホタルブクロの名にアメフリバナの名のあるのは、この花をとると雨が降るなどといいなされているが、ちょうど雨の降り易い頃にあたっているのだ。

兵庫県一宮町市場ではヨダチバナと呼んでいた。ヨダチ（夕立ち）の来るようになる時分、七月末頃から咲くのだという。

岩手の一戸町鳥越の明治三三年生れの方のいうのには、アメフリバナコは、束ねて売りに出ていたという。手で揉んでストンと鳴らす。

もろむき　――ウラジロ類

関東から以西のウラジロの育つ地方では、正月にこの葉を使う。股になって葉が二方に垂れる形のまま、玄関前のしめ縄にはさみ、三宝の鏡餅の下に敷き、また門松にもとりつける。

多くの地方で名付けているモロムキのムキは向きかどうかわからないけれど、二つ揃ったことを言っているのだけは確かで、広島県口和町《くちわちょう》大月では、夫婦二人して歩けば、「モロムキじゃ」など人はいう。

そんなことから二枚揃っている縁起が正月かざりにされるといわれるが、それはどうだろう。ウラジロ（裏白）という名前にあるごとく、このシダの他と異なる特性は葉裏の白いことで、そこに鍵があるように思う。正月飾りにする場合、しめ縄の上でも、鏡餅の下でも、決まって白い葉裏側を表にして使われているからである。

九州の島々などを歩いて、道ばたにあるのさえ背丈に及びそうなこのシダに出会って驚く。茎は太く、いぶしたような鉛色をして艶を持ち、素手でなど折ろうとしても頑丈で歯がたたない。この茎で籠類を編むとは、いろいろな本にある。殊に食器を洗い上げておく茶碗かごが多く、美しくもあるし、しごく長保ちするという。

さもありなんと納得するのだが、人々の話を聞くと、細工の材料にするのはこれよりはもう一つ小型の種類だと教えられることが多い。

屋久島安房では、スダにコスダとオオスダとあり、オオスダは正月スダのこと、ただしこれは堅くて編物には使えない。スダメゴ（スダ目籠）を編むのはコスダだという。コスダはまた、餅米を蒸す折、蒸籠の底敷きにも用いる。種子島でもスダメゴを編んだり、スダ細工をするのはコスダだといい、ここの西種子町立山では、正月に飾る方をオニスダと呼んだ。オニ（鬼）の名にはいかにも実用に供されない役立たずの気持が感じられよう。

天草半島河浦町今村でもオォヘゴとコヘゴと呼びわけており、籠を作るのはコヘゴの方である。

沖縄国頭村《くにがみそん》や大宜味村《おおぎみそん》では、他でコヘゴと呼んでいたものをワラビと呼んでいた。やはり茶碗籠を編む。大宜味村田嘉里ではワラビを焚物にもしていて、刈るのが難儀なことだった。足にささりやすいので、よく足裏から血を出したと聞かされた。

子どもが玩具の弓を作るのも小さいヘゴの方だ。これがなかなか面白い作り方で、出来上がったのもずいぶん見映えがする。これの茎には燈芯のような白い髄が走っている。それは糸のように丈夫なものなので、適当な長さに軸を切ったら、その中芯を引っぱり出す。

まだわずかに残るところでやめ、軸をたわめて、芯を反対側の軸内に差しこむ。これで出来上がりである。

五島宇久島の山本の公民館で逢った男性は、この芯を引き出す時、生のままでは容易に出ないので、ちょっと火に焼いてやるといっていた。女ヘゴを使うことで、男ヘゴは丈三、四メートルにもなり、その林ん中になど入ったら出て来れなくなると。

そのヘゴ弓の登場する昔話を、舟で上がったばかりの甑島《こしきじま》手打の藤部落で田因さんが話してくれた。

「ムクラ（もぐら）がな、お日様の光がまぶしくて外に出れないので集まって『お日様の出んようにどうかせにゃならん』て相談したて。そしたら或るもんが『ヘゴで弓作てお日様を射たが良か』ていい出した。皆も『ほいがよか』てほげん決まったて、ところが、ほいばフク（蛙）の聞いとって、『こらはよお日さん

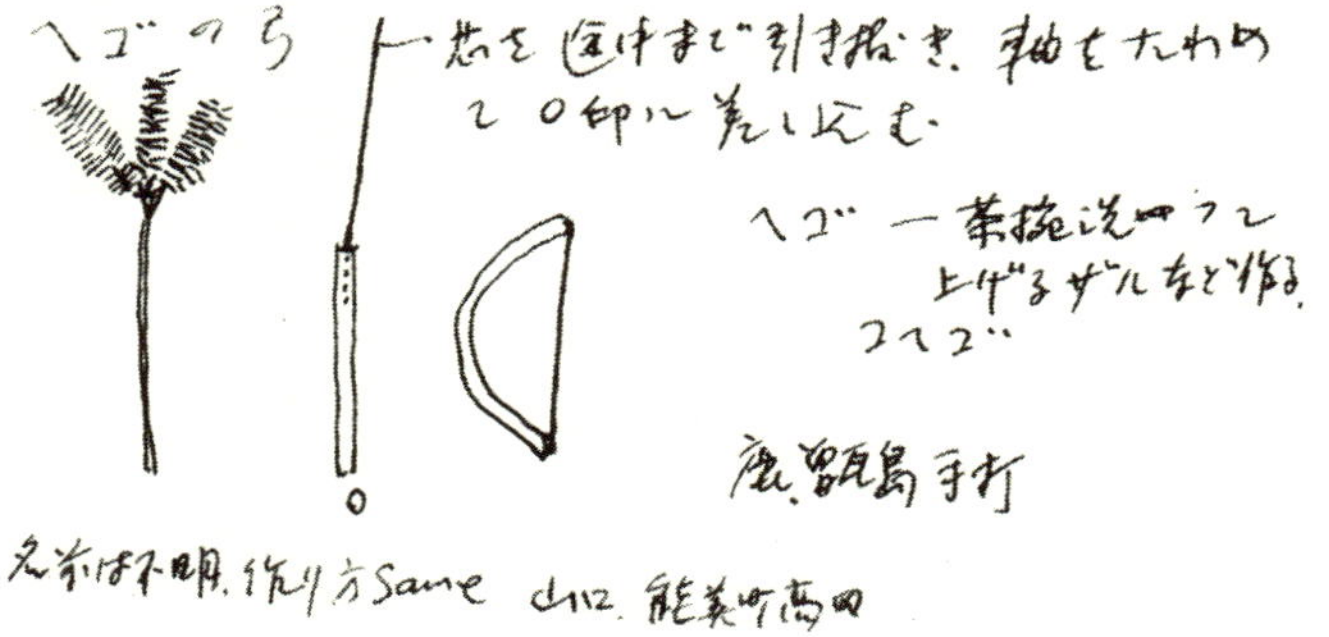

に知らかすようにせんと大変や』と、お日様のところに行き、ムクラたちがこげんこげん相談したから注意してくれさいといったら、お日様も知らせてくれておおきに、気をつけるていったて。次の朝、ムクラはヘゴの弓を持って、クロキの木の上で構えていたと。そこにお日様がいつもより格別強い光放って出て来やったて、そうで木の上のムクラは目がくらんで落っこちて砂ん中へもぐってしもた。それ以来ムクラは地上には出りゃあならんことになった。クロキも罰で立ち枯れになる（柱大になったら必ず枯れる）。フクには礼として、子を持つ時良か日和ば与える。ほんにその頃はボチボチ雨ん降る暖かい日和だで。このような日和のことを〝ドンコのかわい〟いうてる」

最後の「ドンコ（蛙）のかわい」がなんのことか尋ねずにしまった。

ウラジロは二股になっている中央から新芽を出して、また一対の葉を伸ばす。その芽が一年がかりで成長するのだそうで、葉先を巻いて鉤型になったままで立っている時期が長くある。それを子どもたちは取って来て鉤を引っかけ合い、相撲をとらせて遊ぶ。こればかりは力の強いウラジロの芽が選ばれるようだ。鹿児島大隅半島の根占町ではそれをガンガンブ、とかガンガンフクラベと呼んで闘わすにうたう。

爺《おんじょ》が　勝《か》っか
婆《ばば》が　勝っか

ガンガンは不思議な名前だが、鉤をいっているのだということが、種子島油久のカンギー、五島若松島桐でのヤマガンギからもわかる。西種子町の現和のはトツコイショ、相撲の掛声である。庄司浦で折口さんは名前にトツコイをいい、

「スダの芽だちでトツコイして遊ぶ。鉛筆ぐらいの太さ、丈高くなる。スダ山さ行って取って来る」

といった。

こっここ ——シダ類

鹿児島県喜界島の先内では、ヤブソテツをマヤー（猫）と呼ぶ。芽の出だちが毛を被っているところからしい。五島の三井楽町《みいらくちょう》柏で宮本ヒチさんは、オニヤブソテツだろうか、コッココノハと教え、茶色の毛をかぶっているのをコッココ（鶏）、まだまん丸い芽をコッココの卵だといってママンゴ（ままごと）をしたと聞かせた。

タマシダは、根に柔毛で包まれた玉があるので名がついたようだが、喜界島隣の奄美大島大和村名音《なおん》では、コガ（卵）ワラビと呼ぶ。その南西の沖永良部《おきのえらぶ》島ではウシノフグイ（上城）、屋子母でいうスグイワラビもフグイ（フグリ）のことだろう。種子島ではネコノキンタマ、またネコンキンタマと呼ぶ（西之表、安城、平山、西之）。

左右に打ち広がった葉柄が孔雀が尾羽を広げた姿に似るというクジャクシダは、軸が美しい塗物のさましているので、ヨメノハシの可愛い名がある（岐阜県徳山村本郷、新潟県六日町上原）。石川県小松市赤瀬ではホトケノハシ、新潟の安塚町ではヨメッコノカンザシという。

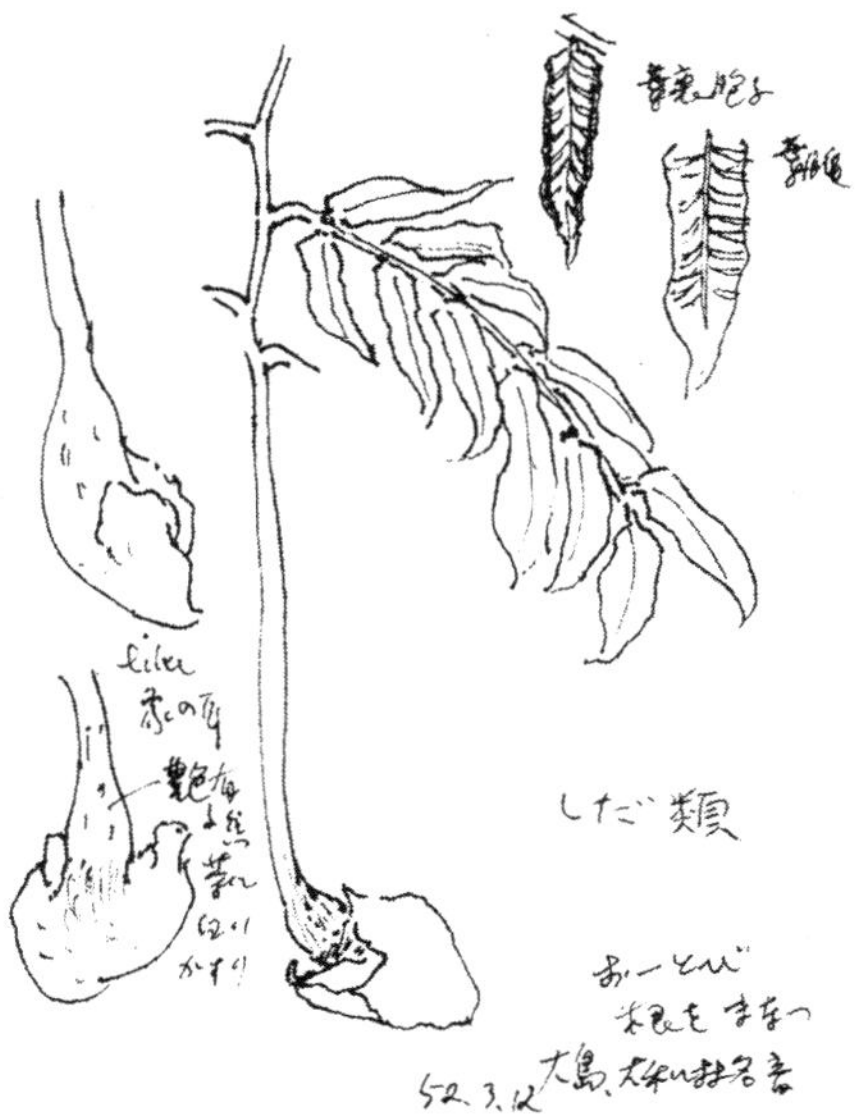

岐阜徳山村櫨原《はぜはら》のきくよさんの話では、ゼンマイと呼ぶものにトンビゼンマイ、カラスゼンマイといっているものがある。トンビゼンマイは大柄で、食べるゼンマイよりはクゴミ（クサソテツ）に似、毛がいっぱいついている。食べられるがんもない。カラスゼンマイは食べられん。

また、ホトロと呼ぶものもあり、

「ホトロはクグミと違って巻がすぐ広がり大きくなる。トンビゼンマイ、カラスゼンマイと似るがその二つよりは小さい。

かたくて手で折ることは出来ず、刈らないと駄目、コケ（きのこ）不意にとった時とか、ワサビなどの包むに使い、ホトロ広げたところに包んだら、クズなどのつるで、二、三か所しばり、苞にする」

岡山の新庄町戸島で、ヤマドリカクシと呼んで、「大きくなるシダ、足元に茶色の毛かぶっている」というのも、これまでに出ている一種であろうか。話し手の一人中村哲一郎さんは、「若芽を食べる」といった後、いや食べるのはコゴミ（クサソテツ）の方だったと混同したぐらいだから、様子似たものであるらしい。戸島では、このヤマドリカクシもおとし（尻拭い）にした。葉だけすごいて（扱いて）便所の箱の中に入れてあった。ここでは他にクゾボーラ（クズ）もその用に充てる。

沖縄西之表島古見でフツン、祖納でフチビと呼ぶオオタニワタリは食べられると聞いた。出がけの、葉先のまだ巻いてある柔らかい先の方だけを折って来ててんぷらなどにし、おいしいという。

奄美大島でマナツとよぶシダの葉柄つけ根のこぶを食べると聞いた時は、ほんの少しの量だろうと思ったが、シダじたいがとんでもなく大きいものだ。一枚の葉が身長をはるかに越す。葉柄も長くて、根元のこぶはそれこそ、片手の掌をはみ出すほどである。島の西側、大和村名音では草の方をオートビ、肉質の固まりをマナツと呼んで、シン（澱粉）をとり、マナツ粥《がい》にする。

ぺんぺんぐさ――ナヅナ

冬、雪が来る前の枯れた畑の中に、これぱかりは勢盛んにしている。こんなとき、まだ春先の緑のない時分にお菜にするのはいいものである。野菜のようにアクがなく、味濃く、おひたしにしてもいいが、和物《あえもの》にすればいちだんとおいしい。

正月七日の〝七くさ〟に用いられるものだからナナクサの呼び名で呼ぶところが、関東から九州にまで広くにある。だといって、世に敷衍《ふえん》している、七つの草の中の一つとして入れられるのではなく、たいていはこれ一品である。

愛媛の野村町荒瀬ではガラガラというのが名前だが、またナナクサとも呼び、昔は七くさ粥にはこれのみを入れたという。

京都府の日吉町、京北町などでは「ナヅナ七くさ」と称して七株をとり、粥の中に餅と共に入れる。人によってナナグサ七株に、カブラ（冬菜）二つ、三つ添えたり、ナナグサ一対（二本）に畑菜か蕪《かぶら》を二本、根ごとひいて使ったり（宇治田原町）もする。滋賀県信楽町《しがらきちょう》朝宮では「六日はお姫さんが摘まはる」といっ

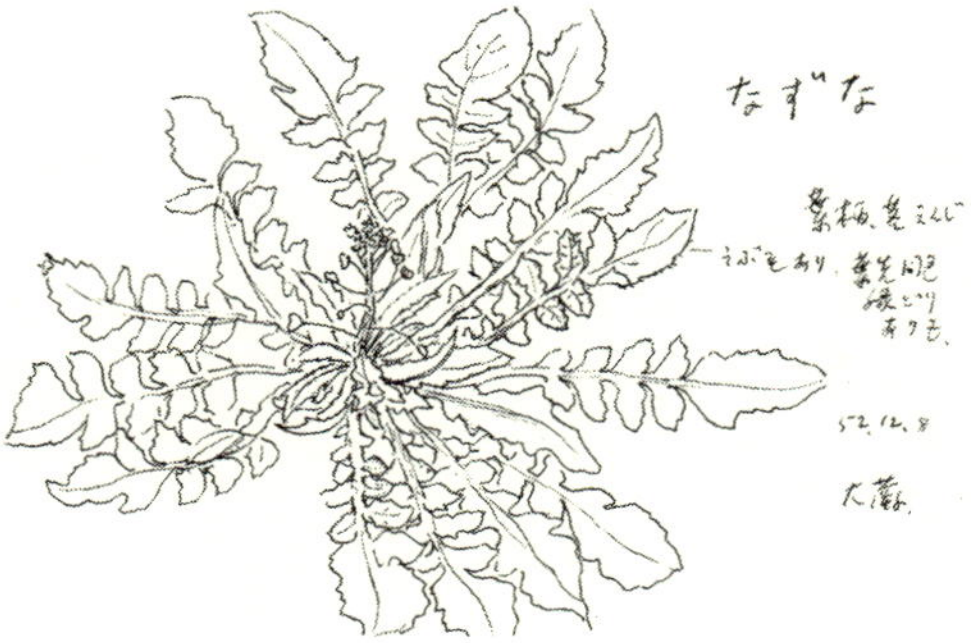

て五日に摘むという人もあったし、多羅尾のさかさんは六日に、何本でも数に決まりはなく摘むといった。

これをれんぎ（すりこぎ）と杓子（京都府日吉町）で叩いたり、刻んだりするのにうたった。

七くさ　なづな
とんとことん
（京都府日吉町）

なづな　七くさ
すてんこてん
（兵庫県青垣町）

ナナクサ（ナヅナ）を茹でた汁に手足をひたし、爪が痛まないとか、虫に刺されない呪《まじない》といったところもあるが、京都府京北町矢代中でナナクサは風呂に入れるのだった。正月は風呂をたてないので六日の晩にはじめてたく。それにナナクサを二、三株入れては入り、病気にかからんという。

トウが高く立って、左右につき出した腕の先にたくさんのハート形の実をつけるようになると、子どもはいい遊び相手とする。二つの実を両の指先につまんで弾き当てて「三味線」だといい、また、実を軸に沿って下にむき下ろしたものを掌に打ち振りまわして「でんでん太鼓」だという。遊びの尋常だったことは、多くの名前にもうかがえよう。

シャミセングサ（滋賀県信楽町多羅尾、岐阜県美山村笹賀、山口県下関市、徳島県神山町阿保坂）、シャミセンバナ（大分県大分市宗方）、ピンピングサ（山口市仁保、下関市）、ペンペングサ（茨城県麻生町宇崎、内原町鯉淵、千葉市和泉、静岡県小笠町高橋原、大東町大坂）。

ネコノシャミセン（甑島《こしきじま》手打、平戸市紐差、壱岐郷浦町沼津）、ネコンシャンセン（五島三井楽町柏）、ネコンバチ（五島奈留町大串）、ネコジャンジャン（天草河浦町今村）、デンデンダイコ（大分県野津原町）、トコンペコン（壱岐郷浦町沼津）。

大分の竹田市入田ではスズ、振って鳴らして「鈴」だという。山口県徳地町湯野ではネコノスズ。

ガラガラグサ（大分県東郷町坪谷）、ガラガラバナ（大分県緒方町木野、天草苓北町都呂呂）、ガラガラ（愛媛県野村町荒瀬）、ガランガラン（大分県竹田市入田）。

このガラガラ系は、振った時に立てる音を映したのでもあったろうが、またでんでん太鼓のように玩具の「ガラガラ」に見立てたものだったかも知れない。子守りなどをしながら「ほらガラガラだ」とあやしたものだという。

ビラビラカンザシ（大分県庄内町高岡）は〝ガラガラ〟の型を髪にさしてかんざしにもしたから、スズメノキンチャク（岐阜県坂内村広瀬）は、いうまでもなく実の巾着なるところから。意味はわからないが、北海道のペナコリではホテアエプイと呼んだ。

がづき――マコモ

ズンドー

私がガヅギを食べたのは秋田であった（昭和四八年）。八月の初めの暑い日、田圃《たんぼ》の間を通る道を横切って流れる小さな川の一本を、エイヤッとばかりに引き抜いてかじった。ひどく冷やっとした。真っ白い茎で大根のような滑らかな肌で、しゃきっとしていた。筍《たけのこ》とも似たようだが、えごみなど少しもなくて、さっくりと噛み切れるほどの柔らかさで、そして淡い甘味があって、とてもおいしかった。なんでもおいしい、おいしいとばかり繰り返すようで、私は少し気が引ける。しかし私の「おいしい」の中でも、これは「大いにおいしい」のであった。木の実などはおいて、草の中では一番うまいと私は思う。

ガヅギはいろんな食べ方をされる。一番北、津軽半島の中里町では、ガヅギと全部濁らずにガツギともいう。

五、六月のまだガツギの若い時分、根元から、一〇センチくらいの茎を食べる。ビッキ（赤ン坊）おぶって田圃に乳飲ませに行った時など、母親の含ませている間に、川のガヅギを刈って食べるところだけの丈に切り、束にしておいて、帰りにはこれを抱えて、皮を剥き剥き食べて帰った。一人のおばあさんが話した。最近七九歳で亡くなった近所のおばあさんが、「ガヅギと砂糖の味だけは昔と変らない」といつもいっていたと。子どもの時食べて、どれほどおいしいと思った物でも、後で食べてみるとそれほどでなくなっているのがある。けれどもガヅギと砂糖のおいしさだけは、いつ食べても同じだったたという。

秋田では生でも食べたし、味噌汁のみにもした。ひどくいいダシが出た。これほどだしがよく出るのは、他にないともいう。茎の一五センチか二〇センチを、皮を剥いて輪切りにして入れる。六月の田植え後頃のことだった。引っ張れば根元から抜けて来る。横手市金沢町では、戦争中は皆食べたとのことだった。

また生でも食べる。田圃で働いて汗をかいた時など、冷んやりしてひどく気持がよかった。味噌をつけて食べたりもしたし、雄勝町の小野、これは私が始めてガヅギを食べた土地だ、ここでは節も構わず食べる、その節も、んまいといっていた。山形の庄内地方では、茹でたままの浸しもしたし、また味噌よごしもよかったという。その庄内の余目《あまるめ》町前田野目《まえたのめ》というところで丸山さんの話。

六月中頃から七月中頃までがこの時期。二五センチくらいに切り、二枝ほど皮をむいておづけ（味噌汁）に入れる。ガヅギは抜いたままで束にして持ち帰り、家で切る。嫁（ここの主婦）が好きで、今もたまに取って来て食べる。「ガヅギはごみのがりすっどこさおがてる（大きくなっている）」という。ごみのがりは「どぶどぶとのがっどこ」だそうだ。

庄内にはまた、ガヅギ餅という一種の雑煮がある。田植えが終わると、他の地方同様この辺りも餅を搗《つ》くが、余目町とか立川町狩川の辺では、その時必ずガヅボ餅を食べた。ガヅボはその頃一メートル近くに伸びている。食べる茎はまだ細くて鉛筆ぐらいであるので、目減りするから葉つきの軸を山ほど取って来て用意する。これの一五センチくらいのところをブツブツ切って、澄まし汁にし、山の筍のようでもあったが、味は遥かに勝ったという。

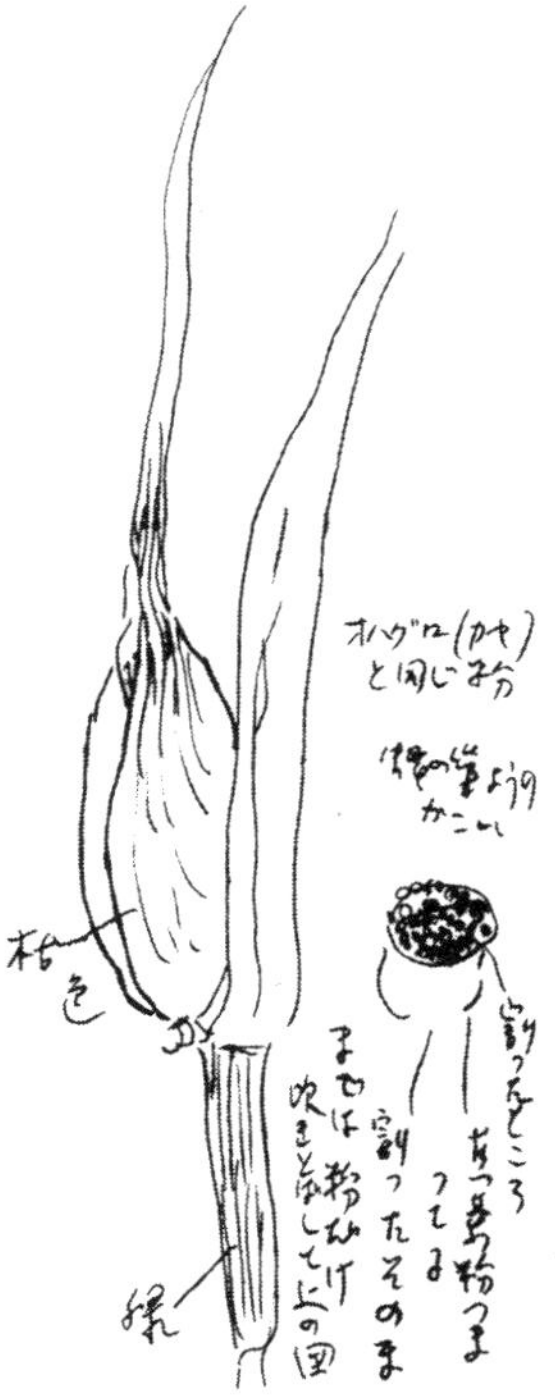

サヅキ（田植）の済んだ家では、どこでもガヅギ採りをしたから「ガヅギ抜えっだもの、あの家でもさづき済んだの」といい合った。サヅキではまだ小さ過ぎるので、同じ地区でも七月一日の農休みの餅に食べたという人もある。どちらでも、とにかくガヅギ餅はうまかったと話が出る。時どき年寄が集まると「ガヅギ餅食べたくなったな」などと言い合

うのだという。

マコモを食べるのは津軽、秋田、山形と、中央部はあまりなく、ずーっと西側、日本海寄りの方ばかりであった。そして最後は新潟のやっぱり海に寄った方、蒲原平野である。実は、これから述べる蒲原の方が東北などより一段とダイナミックである。西蒲原郡に潟東村《かたひがしむら》というのがある。鎧潟《よろいがた》に沿った、文字通り潟の東の村であったのだろうけれど、今鎧潟はなく、埋立てられて水田になっているのであるが、潟のあった時分はその周囲にガツボ（マコモ）が密生していたといい、この潟のそれこそ間際に遠藤という部落と横戸という部落がある。以前は潟からの洪水で毎年のように水害に見舞われ、田植えがあっても稲刈りはないとまで言われた。


　遠藤、横戸はどうでも場所だ、場所は場所でも流れ場所

などと唄にもうたわれている。こういうところであったから、他より以上にガツボを利用することもあったのであろうか。ガツボは春の枯れたのを刈って、一年分の燃料にもされた。

食べる茎の部分を、ここではズンドーという。「ズンドー採りに行く」といい、これの汁はズンドー汁であり、おまけに人を罵っていうのに「このズンドー野郎」なる言葉もある。茎の中の空っぽなあたりを言うのであるらしい。ズンドーを食べるのは、五月の末から六月のちょうど田植えの頃である。その頃はよく雨が降るが、その雨が降って潟の水が増水した時が食べる折だという。潟の水が急に増すと、周りのガツボはその水にとり込められまいとしてにわかに太る（伸びる）。誇張ではなく、本当に一晩に一

尺（三三センチ）も一尺五寸（四四・五センチ）も伸びるのだという。このにわかに太った部分の、節と節の間の柔いところが食べる料になる。

「今日はいかい水が出たから明日はズンドー食べられる」などといって、翌朝は舟で刈りに行く。藻刈《もが》り鎌といって、刃渡り一尺（三三センチ）、柄が六尺（約二メートル）もある大鎌でガツボを刈り、後で水面に浮いたのを集めて帰る。この時は刈った大きいままのを積んで帰ることもあったし、その場でズンドーだけに切って来ることもあった。

この真っ白く柔らかい茎も、周りの水が引けば直ちに緑色になって、茎の組織も普通の堅いものになってしまうから、食べるのはその短い間だけだという。ズンドーは汁にしたり、大鍋で煮付けたりして食べた。

ズンドーに梅干しを入れてすなぶる子どもの遊びは、ここだけのことではない。この近くのどこでも聞いた。そういうところでガツボを食べないかと聞くと、決まって食べやせん、ガツボ食うこと聞くんなら遠藤に行きやれと言われて、それで私も遠藤まで着いたのであった。ガツボは、下に一つ節を残して筒にしたところに紫蘇《しそ》を入れて外からしゃぶる。しゃぶっていると、酸っぱい味も二、三ミリ厚さの茎を通して滲み出してくるし、白い茎はずんずん赤味を増して行き、遂に真赤になる。こうなったら、今度は風船のように息を吹き込んでふくらましたり、反対にぺこんとへっこましたりして遊び、後にはいい味になっているので食べてしまう。

ツノコ

ガヅギの茎をいい加減に食べた頃、今度は土中の根のところから先のとんがった角のようなものが出て、これも食べられた。

津軽では、ツノが訛ってチノとなる。五月頃の早い時期に茎を食べた木造町菰槌では、この茎がたけて食べなくなった頃にチノが出るといい、親指大の太さで三寸（約九・一センチ）ほどの長さ、一本に四本くらいずつ付く。白い色で皮は被っていたが、そのまま食べた。

「ガヅギのチノいい頃だろう、食いに行こう」などと言っては、鎌で根を切ってとった。

中里町では、田の草刈りの終りの頃、茎とチノコと一緒に食べた。「後になればチノコが出っから」という。

秋田の山本郡や、平鹿郡の山内村でも茎を食べるよりは後であった。その頃になると根にチノコ（角コ）みたいのが出るから、水に入って根を引っ張ってとった。一本だけでなく何本もついて来た。

由利郡の大内町ではガヅギゴという。ガヅギもガヅギゴも共に皮をむいて輪切りにし、味噌汁の実にしたが、茎の方がいいダシが出たという。戦後からこっちは食べなくなった。

西蒲原の遠藤や横戸でも、ズンドーの後である。ツノともまた単にネともいう。そのネといった一人、遠藤の明治三一年生れの小林さんは、「あれは伸びる前の若芽だ」という。矢張り茎と同じように節が一つ、二つ、また三つくらいまでついており、その節毎に皮を出して包んでいる。伸びたものでは先の方だけ折って食べる。

またツノと呼ぶ横戸の明治二四年生れのおばあさんは、土の中にあるのを食べるという。これは茎をこいたら見つかる。水の上に出たものは青くなっており、「かとうて食われん」という。

ズンドーと違って、こちらはもっぱら生で食べる子どもたちのものであった。

クロスンボ

マコモにはもう一つ、子どもたちの食べたものがあった。度々出て来た遠藤や横戸ではガツボモチ、横戸の一部や、西川町貝柄などでクロスンボと呼ぶ。

ズンドーや、ツノコの過ぎた後の八月頃、茎の一番先の方に貧弱なトウモロコシ状のものが出来る。上側の葉をむいて見ると中身は黒く、これを生のままシャブッたり、また焼いたり煮たりして食べた。

全部のガツボに出来る訳ではなく、むしろ捜すのが大変、「めったに見つかんなかったすけね」という。鎧潟《よろいがた》の周辺では、ちょうどその頃、菱《ひし》採りの最盛期であったから、舟で出掛ける親達が子どもへの土産に持ち帰った。

クロスンボは、麦や稲の穂の真黒になる病気と同じく、穂に出る部分が黒穂病に冒されたものらしい。潟東村《かたひがしむら》の熊谷で、遠藤から嫁いで来たという明治三八年生れの佐藤しゆさんがいう。茎の一番先のところがふくらみ、細いキュウリくらいのものが出来る。長さは三寸（約九・一センチ）ほど。上の皮をむいて、中にある薄皮ごとそれを食べた。プクンプクンとして、黒い煙がポワポワ出る。口んなか真黒になって、女の子たちは、これをオハグロだといって遊んだ。

また茹でてもよく食べた。その時はたいていフシ（ヒシ）と一緒に大鍋で茹で、茹で上がりに塩を振って食べる。茹でると少し粘りが出た。時期は盆過ぎから彼岸頃までだったという。

遠藤の杉山さん（明治三三年生れ）は、「茹でて塩を振って食べる。ネパネパとしてうまい。若いのは中に幾分白い筋状のものがあり、この方が香りもあってうまかった。生のはポクンポクンとスミが出る。ガツボモチは老いると上皮が赤くなり、食べるのはこの皮の青いうち。丈は三寸（約九・一センチ）から五寸（一五・一五センチ）、太いのはバナナほどで細いのは親指大だ」という。

またこのガツボモチの墨は、以前は竹塗漆器の製作に使われ、業者や仲買人の買って行くものだったそうであるが、杉山さんの家でも、板べいなどを塗る時には、ガツボモチの粉に鍋スミを混ぜ、それに酢を加えて塗ったものだといった。

また焼いて食べた方がうまかった、という人もいる。「モッタン、モッタンしてね、焼いて食べると馬鹿うまい。煮るとザックンザックンする。若いのには白く胡麻粒ようのブチが入っており、ザクンザクンとして、老いて黒くなってからの方が粘ってうまかった。食べる時期は八、九月の頃」と。

さらにツノコをガツボの若芽だといった小林さんによれば、時期は八月一三日の盆過ぎから九月の半ば頃までで、その後、木（ガツボ）が枯れるようになると粉っぽくなる。丈は四、五寸に直径が一寸（三・〇三センチ）ほどで、頭の上に一枚だけ葉っぱがついているので、採った時には、この葉をからめて五、六本ずつ束にして舟に積んで帰った。茹でて食べるとコチコチしてうまかったという。

ガツボモチをクロスンボと呼ぶ西川町の貝柄は、これらの所から八キロほど離れた村である。ここでは足の裏を真黒にしている子を見たら親たちは、「このクロスンボ」といって詰《なじ》った。

ねがた——シバ

芝。縄をもって物を梱包するように地面を縛る草。細くて強い茎は地面を横に這い、節々から細根を出し、株を作り地を覆う。

これと似て地を縛る物ではジシバリもあり、山の木ではハゲシバリもある。この木は文字どおり崖などの禿地をしばるために、砂防用にもっぱらにされるものだ。

シバ（芝）の名はこれら同様、地をしばるのしばなのだろう。

岩手の雫石《しずくいし》町桑原では、ネガタと呼ぶシバ草のトウで、「つつ（乳）引っ張り」という遊びをする。一五、六センチのトウをとって、末の方から根元の方に茎をしごくと、切り口に白っぽい乳のような汁が出る。これを相手のとくっつけ合って汁の玉を取り合う。白っぽい乳のようなというのは、無理に押し出されるので泡がまじって白濁するのだろう。

県南の湯田町白木野では、この遊びにするシバをオエガタ、また、雫石より北の玉山村城内ではカノカグサの呼んでいた。

このささやかな遊び、他でもなされているからおかしい。岡山の川上村白髪や苗代で材料にするヤエグサは、芝かどうか確かめていないが、いずれ同類なのだろう。茎をしごいて汁を出し、相手のとくっつけて取り合う。勝った者の玉は大きくなり、取られた者はまた別の茎で用意する。しかし、露が大きくなりすぎると「ぽてんと落ちる」と。

沖縄の金武《きん》村金武でアシジリと呼ぶのは、シバ（芝）になど混じっている、シバの大きいような草だという。その穂でやはり同じ遊びをした。

土葬の場合は、塚の上を石で蓋する地方があるが、ここを芝で覆うところもある。岐阜の神岡町吉田では、三枚に切った芝草をかぶせる。それで「芝草三枚かぶらにゃ人間終らぬ」といったり、また「運のいい人じゃが、芝草三枚かぶってみなわからん」などと言い言いする。

房総半島などにも、同じ芝三枚の習俗があり、富山町平群《へぐり》では、墓には芝三枚を切って用意をしておき、埋めた上にそれをのせたら、六角棒（葬列に携え行

き、経文が書いてある）を上から打ちこむ。「芝三枚かぶったらもう出られない」という。

芝などかぶらなくとも出られないのだろうが、境の戸を閉ざすように、地をしばり、封鎖したという気持が潜在するのだろう。半島南端の館山市布沼《めぬま》の墓地に寄ったら、火葬になって、石塔ばかりの墓であったが、そのそばに三枚の芝が重ねられ、短く六角杭が打ちこまれてあった。芝は芝生作りになど用いられる四〇センチ弱ほどの方形のものであった。

浜梨――ハマナス

盆を過ぎてしばらく後の九月の終り頃、北秋田の上小阿仁村を通った時、道傍の墓地で美しい供え物を見た。この辺りではおそらく旧暦の盆なのであろう。飾りつけは除《はら》ってある。けれども細竹で組んだ四角の棚、一段だったり、二段だったりする、この棚だけはどこの家もそのままで、そして棚の柱にはこれもどこの盆棚にもハマナスの赤い実がかけてあった。

ハマナスは、直径二センチ五ミリくらいの横に少し広いほどの実である。これを七つ、八つから一〇ほど糸で継いで数珠のようにしてあり、玉で埋まらない糸だけの部分も四分の一くらいある。実はカラカラに乾いてしまった風もないし、むしろしっとりとして、色は黒ずんで沈んだのもあったが、それよりは赤い鮮やかなままの方が多い。色とりどり、賑やかな盆の飾り付けの中ではそうもなかったろう、けれどもそれはもう風のにおいも変った秋だったから、枯れたススキのような日の午後だったから、赤い珠は美しかった。

ハマナスの実も、手近かにあるところではどこも食べる。ただこの中には刺の固まりのような意地の

ハマナス

悪い大きな芯が構えているから、食べるのは外側の肉だけである。

　食べたところなにかと似ていると思ったが、サルトリイバラの実だ。そういえば上の皮が堅くて、冬になっても輝いているなども似ている。佐渡相川町高下で七七歳になる長井イキさんはこんなことをいっていた。

「ハナナス（ハマナス）はしっかいけ、はしっかいの出いて中洗って食べる。そうでないと喉がイライラする」

　ハナナス（ハマナス）はまた、おばあさんたちがこどものとき、赤い実を一つ、細い棒にさして髪飾りにしたそうだ。

秋

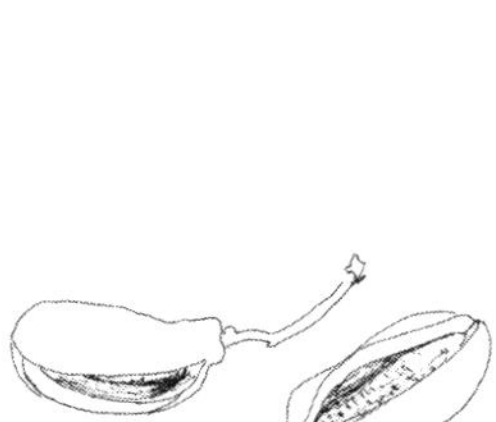

ひょうひょう栗——クリ

茶色の、まだ誰の手にも触れられていない輝くあの粒を、見たらとも角、手を伸ばすのは私だけではないであろう。旅中なのだから、どうせ重くて放ってしまうのだからと思いながら、路に転がり出てる度に心ときめかして集めてしまう。原始採集生活の癖がまだ抜けないのか。去年、丹波を通りながら、荷物の重さが気になり出すと、時々方々のポケットからたまった栗を集合させて道端に転がしておいた。後から来た人は空の中に栗の木を捜したことだろう。

子どもの頃、大きな鍋いっぱいに茹でられた茹で栗は嬉しかった。腹がふくれるほど食べた。栗御飯のためなら、夜の皮むきを手伝うのに文句はなかった。釜の蓋を取ったら、黄色い頭がごつごつしていた。でも、私共子どもの最も食べたのは生栗である。未だ栗のイガのはぜる前から、はぜるまでなど到底待てなかったから、青い堅いイガをこじ開けて、青い未熟な生栗を食べた。こういうといささか粗末な食べ物に聞えるかも知れないが、皮の青黄色いうちの実が一番甘いのである。痩せて小さくて、頼りないほどぴちゃぴちゃに柔いけれど、ひどく甘い。稲の実入りの前の乳のような汁を、雀が喜ぶのがよく解るというものである。

　栗は日ごとに成長し、味が変って行く。皮は赤茶色に染まり、前の甘さがなくなって、その代りにしっかりした確かな歯応えと、腹を充たす充実感を備えて来る。青い時の栗狩りには、鎌かそうでなければ先を尖げた棒が必ず要ったが、もう口を開きかけたイガは、片足で一方を押さえ、もう一方の足の裏でぐいと力を込めれば、直ぐ実が顔を出した。

　それからは、学校が休みごとに山に行き、その行くごとに見違えるばかり力強くなっている姿と、味を味わう。熟した栗は、生のアーモンドとよく似た味だ。

　渋は、若いうちであれば爪でむいたが、熟して渋に色づいたのは爪が立たないので歯でむく。これでは、当然口なかが渋くて堪らないので、舌を洗うように唾も一緒にして、賑やかに吐き散らす。こんなところを、道行く男連中にでも見られたら、彼らは喜んで囃し立てたものだ。

　　生栗一つに　屁八十

　自分たちも、早晩生栗を食べるのだから、効果のほどはあまりないのだが、どうしてこんな文句を言ったのだろう。どこでもいうことらしく、甲州産の連れ合いは、「生栗を食うと、できものが出来る」といわれたというし、静岡市井川の英太郎さんは、

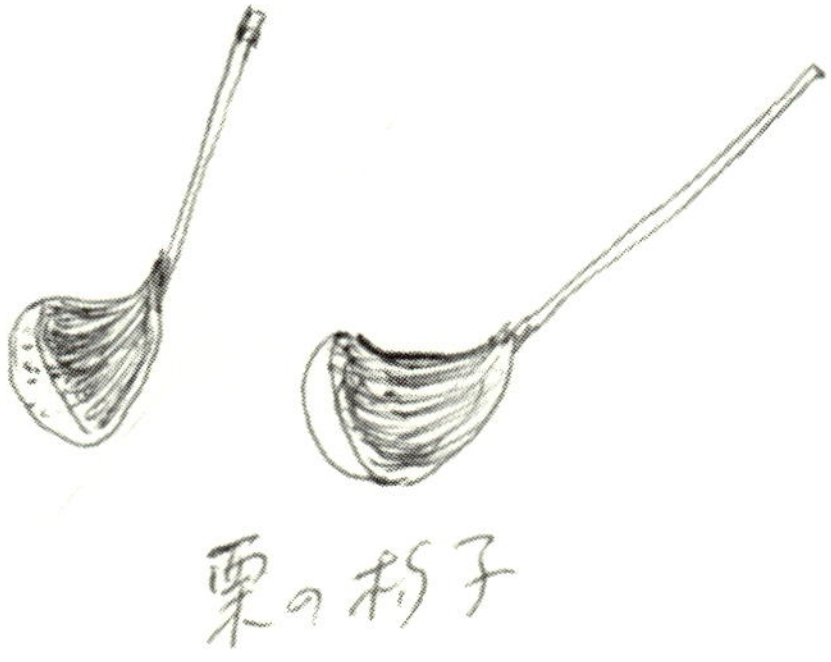

生栗食うと虱《しらみ》がわく
と教える。

思い当ることがある。最近、秩父にも猿が出るようになった。この者ら、若い内から毬をこじ開けて食うよう、子どもたちとそっくりだ、充分熟れるのを待って腹のたしにするなら、群で来ても一本でも充分まかなえるだろうに、たちまちのうちに二本、三本収穫皆無にする。彼らの姿、山をこいでまわる子どもたちの上に重ね、脅威を感じた大人たちもいるはずだ。そうした大人たちの、一言いわないでおれない警句であるのらしい。

食糧集めに精出し続ける親たちにとって、直ぐに口に入る栗は、作物のようなもので、その収穫には執念を燃した。

岐阜の板取村杉原で源吉さんがいう。

「栗多い年は世なおしだといって、競争して拾った。大きな木がいくらもある。暗いうちから行く。生で食べた他は茹でて、干してかち栗にした、五俵、一〇俵拾う」

熊本五木村八原でも、

「山栗の大木多くあった。頭地のあたりの人など提灯とべて連って行くのがあった。一人前の男の仕事だ」

「あとびろい」ということばもある（長野県天竜村坂部）。山持の人が拾った後、「あとびろいをくりょう」といって、柴の下掻いてまてに拾う。「踏んだりして埋っているから、掻いて拾うとその人は拾い出すのね」とますえさんは話した。

栗や椎のいい年は、クル（クリ）シイといって作柄がよくないそうだ（静岡県小笠町高橋原）

拾った栗は、多くかち栗にした。

「天火に干し、割って見て、中が黄色くなり、渋が離れているようになったら、蒸し、それを再び乾燥する。そうでないと渋がむけない、こうすれば渋から身が離れるし、虫もつかない」（福島県飯舘村小宮）

「四、五日干して茹で、また干して貯える。水車でついて皮をとり、水につけてもどして煮る。茹でる前干さないと甘み少ない」（静岡県中川根町向井）

「カチ栗は一つずつ針で糸に継げて、さっと茹でて、辛い塩水に一日つけて干す。正月には必ず食べる。それで、

正月さん　正月さん　どこからござる

天満寺のだいさかで　椎・カヤ・かち栗

とうたう」（隠岐島西郷町有木）

熊本県五木村平沢津では、干して鍋で空炒りし、また干して振ってカタカタ鳴るようになったら、ツシに上げておく。隣り合う泉村下屋敷で「一石ぐらい拾ってた」と語り、樅木で黒木さんは「二石、三石拾う。一日六斗拾ったことがある」と語った。

いがの中に一つだけみのった、丸くふくらんだ一粒栗は、各地でヒョウグリ(岩手県湯田町、秋田県皆瀬村生内)、ヒョングリ(隠岐島)、ヒョウヒョウグリ(岩手県皆瀬村菅生、雫石市、二戸市、秋田市)と呼ばれる。小さい穴を切り、中身を出して、糸端にささやかな木片をしばりつけ、縦に穴に入れて糸を引けば、木片は開いて継がるので糸端を持って円に振りまわす。ヒョウヒョウ音が出るからである。

一方、身の入ってないヘタ栗が、シャクシ、シヨツカイコ、ヘラコなどと呼ばれるのは、とんがりのところに細い棒をさして、玩具の杓子にし、また塩をすくうのに実用にもしたからである。岡山の大原町金谷では、なくしたりするからたくさん作っておいたという。

でんでんこぼし――アケビ

山で一番おいしいものは？

「そりゃあサルナシだねーや」

「アギビだごてな、種ァあっけんどもよ」

「ヤマモモんごつんまかとは他にありゃあっせん」

この三派がある。その中で、アケビの声を聞くことが一番多かったような気がする。アケビの中で一番おいしいのは紫アケビ、一方のイシアケビの三倍くらいも大きくて、子どもたちの手からはみ出る。手に持ったらひんやり、しっとりして、そしてずしりと重くて皮の厚さも七、八ミリ、表の皮は紫だが、その紫も一通りではない。空の色をすっかり写してもらったようなのもある。薄紫の上にこれを重ねたものは、染め付けを手伝った空さえも驚くような美しい色である。

山でアケビを見つけたら、未だ口が開く前でも、おおよそ熟んでいるなら採って来た。此の次などといっても、それまで残されている保証などまったくないからである。堅いものは米櫃《こめびつ》の中に入れておくと、間もなく熟んで食べられる。しかし味は大分落ちて、あたり一面に広がるあの新鮮味は皆無である。木の上で熟して、ほどよく口を開いたアケビの甘さと芳香は、他の山の物にはなく、中身は透るようになる。

私はいつか、クズ湯を作ってよく掻き廻さなかったものだから、半煮えの粉っぽいクズ湯が出来たが、あの透明の中に不透明な白を掻き込んだ色になり、しっとり艶が出て、デコボコの面の方々で光を受けてチラッチラッと光るようになる。これを食べる時は、細長い身は背中が皮にくっついているから親指を下に入れて、縦にずーっとはがす。相手は指の背にのっかって来、中ほどのところからもう垂れ落ちてしまいそうになるから、そしたら急いで口をそっちにやって、指の背から受け取る。

たくさんの種は吐き出すのも、そのまま飲み込むのも随意である。

アケビ殻は漬物にもされた。青森県碇ヶ関村の花岡きえさんのなしよう。

ムラサキアケビの皮を米のとぎ汁で茹で、水にさらした後、烏賊のようにぶつ切りにする。餅米を飯に炊き、これとアケビと、それからブドウ（山ぶどう）と塩を一緒にして漬け込む。赤紫のきれいな色になり、小苦《にが》くて他にないうまさがある。御飯のおかずにする。

秋田の小坂町濁川では、殻を切らずに、青豆（枝豆）、みょうが、しその実など刻んだのに、麹、うるち米の飯を詰める。二、三日から食べられるようになり、一〇日くらいまでに食べ終わる。日を置き過ぎると酸っぱくなる。名前を〝カラッコ漬〟と呼んだ。

生のままで食べきれない分は、乾燥して保存食にする。弘前市などでは、もどして小さく切り和物にした。

山形の私の育った村のあたりでは、アケビの乾燥品はどの家でも作った。春の彼岸に是が非でも供えるものだからである。ちょっと煮てもどしたら、舟型の中に打ち豆（大豆を打って平たくしたもの）をどっさり入れて、ふくれ上った腹の真ん中を一くくりし、味噌味で長いこと煮る。仏様はアケビの舟に乗ってござるのだと聞かされていた。

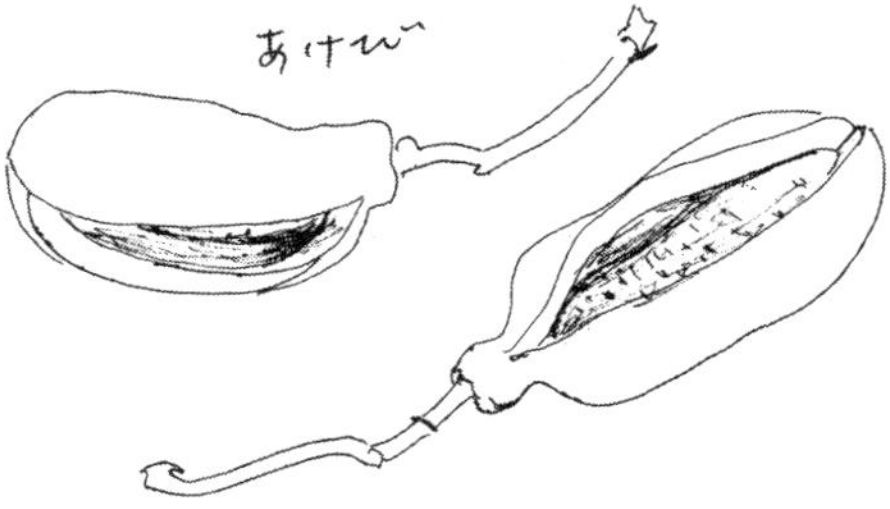

春のアケビの芽立ちも、山菜として北国では珍重された。同じ頃採られるワラビやウルイ、ミズなどに比べて量も少なく、取るのが厄介だが、苦味がきつく、とりわけ父親などを喜ばした。山形ではキノメと総称のように呼ぶのが、アケビの芽のことだった。

一方、西の地方だとアケビの若芽は茶にされる。広島県口和町宮内中祖で、一人のおばあさん（明治二五年生れ）の作り方、アケビ、藤、アサイドリ（アキグミ）をお茶にする。作り方はどれも一緒、アケビだけでは容易でないので藤の若葉を混ぜても作る。田植前の五月頃摘んだ若芽を包丁や押し切りで小さく切り、甑《こしき》か鍋に水をばらっと入れてうむし（蒸し）上げたらちょっと風を入れ、ばらんばらんするようになったら、ムシロの上でよく揉んで陰干しにする。乾いたら水ばらっと入れて炒る。飲む時にも空炒りをする。アケビ、藤、アサイドリの順においしい。

兵庫県一宮町では、デンデンチャというのがアケビづるの名前である。「デンデンチャとり行こうか」といい、「デンデンチャの花が咲いた」という。アケビの芽は葉の他に花もつるも同時に出るような型だが、それらを株ごと欠いて来る。作り方は大概同じで、切ってホイロにかけ（鍋で水入れずに）、干して炒って貯える。飲む時にまた少し炒る。この話をしてくれたおばあさんはこうもいった。

「三枚葉は苦うて飲まれん、ほんの少し混《まざ》っても摘んだもの全部すてたりする。アサドリ（アキグミ）の茶は余りつくらん。茶の木もあるし、デンデンチャがあるし」

振舞ってもらったデンデンチャは、干からびた葉の味がした。他の地方でいただいたコーカイチャ（カワラケリメイの茶）よりも苦味が大きかった。

アケビ茶の利用地はかなり広がっており、岡山県勝田町東谷下では、アケビづるがアケビチャで「アケビチャの木にアケビがなる」などと話す。アケビチャは胃や利尿によいという。広島県西城町油木では、五月はじめ頃、蒸して少し揉み天日に干す。二日くらいで乾き切ると教えた。鳥取の日南町矢田では、三〇センチぐらいに長くなっているつるを刻んで蒸し、天日に干すといっている。三重県尾鷲市九鬼では、山仕事の折にワケビ（アケビ）葉をちょっとあぶってヤッカン（薬かん）に入れ茶にする。

茨城県筑波地方では、ねんざした時、アケビの実の干したものを黒焼にし、卵白と混ぜてねり合わせて貼ると聞いた。

秋田の十和田町神田では、夏の頃毎晩行うヨガイブシ（蚊いぶし）に、アキビ殻を干しておき、小さく切って庭で火をつけ、煙を家の内に入れ込む。

奈良県十津川村玉垣内で吉広さんたちは、山小屋をしばるのにこのハンダツカズラ（アケビづる）を使うという。ハミソ（地這）でないと駄目で、木に登っているつるはしこうて折れる。

アケビの花には、起上り小法師のようなズングリしたシベが並び立ち、丸い頭には粘着室の液が光っている。子どもはシベを掌にとり、とんとん叩いて、横になったのから直立させて遊ぶ。その時の唄、

でんでんこぼし
起きて　まま食やれ
（広島県一宮町東市場）

ちゃんちゃんちゃがまに
湯がわいた
じっさんばっさん　起きやんせ

（岐阜県徳山村戸入）

岡山の勝田郡（奈義町広岡、勝北町広戸、勝田町梶並）、英田郡（作東町小野、西粟倉村引谷）などで、アケビに対する名称にネコノヘドをいうのはおかしい。中身のぼろに黒い実を包んだ細長いものが、彼《か》の品に似たからだという。

かぎな――メヒシバ

メヒシバは、上から見ただけでは思いも及ばないが根が異常にかたいだけでなく、四方に株分れした茎は地を這って少し親元から離れたところで、かっきり九〇度の角度をもって、まるで別個の草のさまして上に伸びる。曲がった節からはくさびのような根を下ろして、そこからまた匍匐《ほふく》の茎を伸ばすのである。百姓には嫌われる草で、それぞれ右の特性を名ざしされずにはいられない。

カギクサ（京都府日吉町、福井県小浜市）というのがまずそれ。京都の京北町矢代中や兵庫県青垣町、滋賀県土山町青土ではカゲクサというが、人々はこれを示して「かげんなりますんのや」という。

カイナ（岐阜県河合村稲越、板取村上ケ瀬、白川村木谷）、ガイナ（和歌山県本宮町発心門）、カイナグサ（岐阜県美濃加茂市蜂屋、富加村栃洞）、キャアナグサ（美濃市奥板山）、ガアナ（奈良県十津川村上湯川）もカギナからなのらしい。沖縄方面にもある。

カギナ（沖縄県与那城村西原）、ガギナ（宮古、城辺町新城、保良、島尻、徳之島町金見、天城町兼久）、ガーギナ（徳之島町下久志）、ガジナ（沖永良国頭）、カジニャ（沖永良部島出花）、ガジンナ（伊延）、ガギニヤ（田皆、屋子母）、ガヤナ（石垣島宮良）、ガンナ（竹富島）。

一方、山形から茨城、栃木、千葉、埼玉、静岡まであるハクサ、ハグサ、ハグザは、「這う」草だからであろう。「はたかってやれん」ということでハタカリ（京都府伊根町大原、新井、島根県柿木村菅原、山口県錦町大野）があり、「土用根が張ってまあかたくなってな」と口説かれて、ネカタ（滋賀県木之本町杉野、岐阜県坂内村上原、春日村六合）、ネガタ（岩手県湯田町左草、白木野、石川県小松市大杉）の名にもなる。

「ようほこっさけ」とか「ようほこってかなわんな」といわれて、京都府宇治田原町湯屋谷や滋賀県信楽町朝宮の人たちからはアキボコリと呼ばれ、この名は岩手でもアキボコリ（普代村黒崎）、アギボコリ（釜石市唐丹）、アキブグリ（軽米町小軽米）と呼ばれる。

名前とは関係ないけれど、奄美大島瀬戸内町嘉鉄《かてつ》や加計呂麻島《かけろまじま》の秋徳では、ワスレクサとて人が死んで納棺する時、棺内死人の頭のところに入れてやる、根のかたい草の代表としてあるのであろうか。

子どもはこれを玩具にする。何本も出ている穂を下向けに一つしばって傘にし、穂をむき下げて、薄皮だけで継ったかんざしにし、それで名前もベラベラカンザシ（滋賀県日野町日野、京都府京北町細野、三和町大淵、日吉町片野、兵庫県氷上町賀茂）、カンザシグサ（滋賀県信楽町朝宮、三重県阿山町丸柱、馬田、兵庫県一宮町下野辺、西安積、青垣町大稗）と呼んだりする。これを遊ぶ頃は、ちょうどオシロイバナの盛りでもある、カンザシの先にオシロイバナを挿したりもした。

スモトリグサ（福島県相馬市、宮城県七ヶ宿町、茨城県里美村、静岡県石廊崎、鳥取県赤碕町箆津、関金町泰久寺、高知県伊野町加田、野市町中ノ村）、スマトリグサ（隠岐）、スモントリグサ（淡路島北淡町富島）は、それこそ「すま（相撲）とらしおった」、「すもんとらしよった」から。穂だけを逆さに置いてトントン地を叩いて転ばせる方法もあるが、西でやるのは、おおむね穂先を一つ結んで、その結び目の中に相手の軸を通して引っ張り合うという力まかせの相撲である。奄美大島宇検村平田でも、このやり方で「引っぱりくら」をするのであり、草の名をチカラグサと呼ぶ。

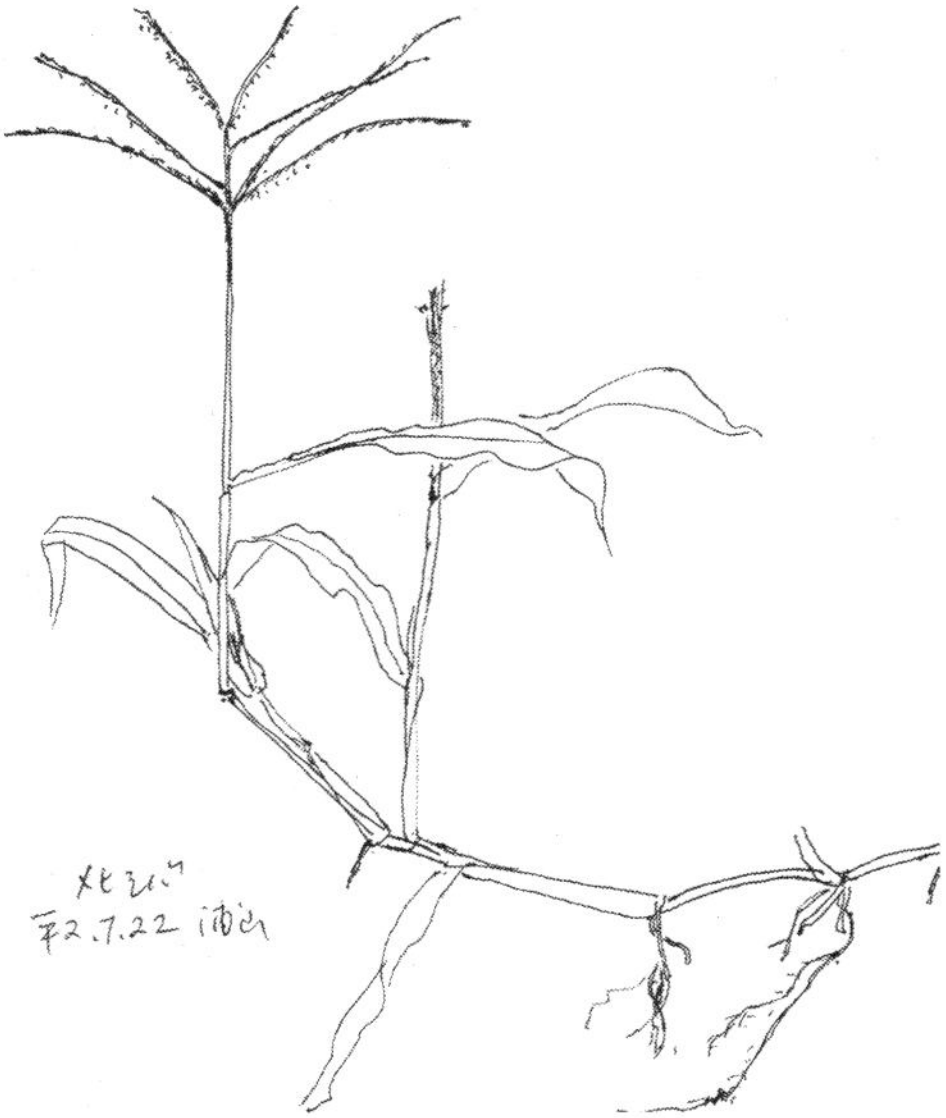

不思議な遊びは、この穂を口中に入れて口を切ったりベロを切るというもの、メヒシバをクチキリと呼ぶ新潟県朝日村三面《みおもて》では、穂を下向きに押えて口に入れ、ぐいっと引っ張ると唇が切れるといっている。「血が出る、御飯食べる時痛かった」と。

山形で私たちのやるのは少し違った。一本残した穂も種子を扱《こ》いてしまい、すり切れたブラシのようになったのを頭にやって、髪の毛をからめ引き抜く。よほど力が要る。痛くて涙が出た。

痛い痛い ――アザミ類

京都府の京北町でつけたアザミの名称は、この刺だらけの草に刺された時の悲鳴そのもの、

「アイタタ」

である。

同町熊田の村山小ゆきさんによれば、牛にブツブツできものが出るのをひおうという。ひおわんようにといって、アイタタを食わせる。また「牛がひおとっさかい」といって、アイタタをとりに行く。生のままでは刺で食べないので、熱湯で殺して食わす。

同じ町の矢代中で矢代カズエさんは、大人はアザミというと教えたが、会話の中ではアイタタの方ばかりが出る。

「アイタタ牛に炊いてやる。刈っておけばきしも楽ですけんな。草取りにも邪魔になるさかい、アイタタだけ先に取って放《ほ》かす」

船井郡と郡は変れ、日吉町は京北町の東隣である。そこでの名前は、

「イタイイタイ」
イタイイタイは春早ようから出る。牛に食わせるイタイイタイ取りは、もっぱら子どもが仰せつかる
らしく、
「イタイイタイ摘んで来な、遊びに行くんじゃない」
と叱咤《しった》される。草が茂って、鎌を振りまわすだけでも刈り草が山になる時分の草刈りと違って、拾っ
て歩くばかりの早春の割りの悪い草とりは、どこの地方でも子どもに振り分けられているのである。
それで、アイタタやイタイイタイも子どもことばであるように思われるのだが、じっさいは先にもい
うように大人も使い、千葉県館山市坂田でなおさんに、アザミの名を尋ねたら、「あの刺し草《さぐさ》か」と念を
押した後で、「あれはイタイイタイだ」と教えた。
「牛もよう肥える」といわれるぐらいだから、人も大いにアザミを食べている。種類が幾つかあるのだ
が、私にはその同定がしっかりと出来ない。
「馬《んま》あざみ（紫色の花、普通のアザミ）は食わない。食べるのは白っぽい花で葉が広い。皮をむくと黒く
なるので直ぐ水につけ、それから塩に漬けて、来年の春までもおいた。この辺は冬が長いので、雪
が消えた時から、来る冬の籠りに馳けまわる」（秋田県山内村筬）
「アザミに二種あり、沢あざみにはあまり刺ない。食べるのはこちらの方、汁の実などにする。根は
牛蒡《ごぼう》と同じ味がする」（宮城県鳴子町鬼首　彦成氏）

山形県小国町市野々のヤヅアザミというのも、これと同じらしい。

「雪の下で伸びている。黄色。これをとって汁の実にするとうまい。陽受けて青くなったのは二、三〇センチに伸びた頃とって漬けておく。ぜんまいとる頃の時期だ。オニアザミは刺が鋭いので棒で葉打ち落して茎だけにし、漬けておく」

伊豆大島の新島では、若芽ばかりでなく花が咲いた後でも食べたと田代なつさんが語った。芯がかたくなるから、それを抜いて食べるのだそうだ。刺が多いのと少ないのとがあり、根は牛蒡と変らない。

岐阜の西部、揖斐川《いびがわ》流域でもアザミの利用は盛んだ。春日村古屋で一晩の宿を恵んでくれたなみ子さんは、私がアザミを炊いたのは食べたことがないといったら、たくさん塩漬けてあるのだといって塩出しする時間のないのを惜しんでくれた。ここでは刺の荒いキツネアザミを材料にするのである。火で焼いて、その刺を落して炊いて食べるし、また飯のかてには、焼いたものを茹でて粥に入れる。大きく育ってからも、トウの上の方を摘んで食べられる。塩漬にする場合は、今いう焼くことをしないで葉を扱《こ》く。

この時おそるおそる掴めば痛いが、勢いよく当たれば痛くない。茎だけになったのをさっと茹でて塩漬にし、後、水につけてもどして煮て食べる。

揖斐郡のいちばん北端にある徳山村では、キツネアザミといっている刺のいちばん鋭い紫の花の咲くのは食べない。食べるのはオオアザミ、またただアザミともマアザミとも呼ぶもので、茹でて水につけ、味噌汁のみにする。芽立ちの若い時はそのままで入れていい。味噌味の汁に野菜を入れて煮ながら食べる、ひきずりにしてもうまいそうである。

一方、徳山村で茎を食べるオオアザミというのは、この下の坂内村広瀬でいうタニアザミと一緒だろうか。刺はそんなに痛くなく、ダイオ（ギシギシ）のような葉をしごいて茎だけ食べる。ごんぼの味でおいしい。フンナリ（シシウド）のあるような水気のあるところに生える。

これはまた、その東隣、藤橋村鶴見でいうオオタニアザミのことであるらしい。木は大きくなり、葉は大きく、あまりギザギザがなく、刺も少ない。

当地方を歩いた時は、これまで紹介したのと逆に、藤橋村より徳山村にコースをとったのだった。その道中、藤橋村で教えられたオオタニアザミと思われるものが、崖の水がしたたり落ちるようなところにはたいていあり、背の丈ほどにも大きく、また太いのもまじる。手で触れてもほとんど痛さを感じず、むしろ若葉の方が少し痛い。そのまま茎を生で食べてみたが、アクがなく、ウドよりもおいしい。牛蒡《ごぼう》の香りもするものの、ごく淡いものだった。

奄美諸島の喜界島ではアドーア、アドーヤという。刺があるので包丁で葉をそぎ落し、茎をすりこぎで叩いて、その後で茹でて食べる。

喜界島の花色は尋ねなかったが、徳之島で食べるのは白花だという。葉が広くて刺も多い大きなアザミで、浜に多い。この名を金見《かなみ》でブランギというのは、茎が中空になっているので、ブラ（法螺貝）のように笛にして遊ぶからである。法螺刺《ぶらんぎ》なのだ。同じ島岡前ではンギブラといった。

子どもは、春の草とりでは痛い思いをしたけれど、花が咲いての後は一つの楽しみもあった。軸を少しつけてちぎった花を掌に逆さまにして叩きつけながら、中の虫を追い立てて遊ぶのである。蜜に寄っているのだろう、小さな虫の、黒色をしたのや灰色をしたのが転がり出る。その時にうたう、

馬《うま》　出よ
牛　出よ
（京都、滋賀）

京都府宇治田原町湯屋谷では、この注文の文句がそのままアザミの名称になっていて「ウマデヨウシデヨの花咲いた。取ろう」などというのである。

冒頭のアイタタのところで出た、日吉町の矢代カズエさんたちのは、

赤んま　出え出え
黒んま　出え出え

というのだったそうだ。

また、私の取材中にあった一番年長者である、明治七年生れ、同町保野田の田中こいちさんがいったのは可愛らしく、

おんま　出え出え

であった。
広島の方ではもっぱら「狐、狸」で、

きーつね　こんこん
たーぬき　こんこん
（三和町敷名）

とか、

狐さん　狐さん　出ーやれ

（三次市志和地）

とかいっている。

アザミは、葬送儀礼の中でも一つの役を受け持たされている地方がある。四国徳島の西部山地、美馬郡一宇村大横では、葬列が家から出た後、それまで死人を置いていた仏壇前の床にアザミを置く。同じ村でも白井や平では、その時期は葬式後六日目の晩で、使う植物もカラタチ（サルトリイバラ）と変るのだが、サルトリイバラもたくましい刺の所有者で、なんにしても、誰も近寄ることをためらう刺木に頼んで、なにかを避けようとしているのだ。

一宇村よりもっと山深くなる東祖谷山村でも、植物の種類はアザミだったり、カラタチ（サルトリイバラ）だったりする。小川の部落では、お六日《むいか》にいっとう（親族）が集まって供養する。この折、死人の寝ていたところに膳に灰を入れ、アザミの葉一枚のせ、ロウソクを立てて据える。その灰の上についた足跡のものに死者は生れ変るといってみなが注目する。

右はとよ子さんから、大きく葉を広げている刺だらけのアザミを目の前にしながら聞いたことだったが、この刺の鋭い方がオンで葬式に使うもの、刺の優しい方がメンだ、とのことだった。

まふぁつぶ ——イガホウズキ

秋田の皆瀬村を通ったのがちょうど八月のお盆時、どこの家でもお盆の料理を振舞ってくれ、そして湯の沢の高橋さんの家では、丁寧なもてなしで一晩とめて下さった。

部落には、まだマサツブリを畑に残してる家があった。マサツブリはごく山際の畑に生える。山焼きした後のカノなどにきっと生える。それが甘くておいしいものだから、この辺りはどこの家でも、子どものために家の近くに持って来て植えておくものだった。スケッチしたのがそのマサツブリ、大きさは普通のホウズキくらい、でも形はすっかり違って、上に着た着物は鬼の持つ金棒みたいにデコボコ、それも途中でのびることを止めてしまったものだから実のお尻は丸裸、近くの東成瀬村の人たちからはケツダシなどとも呼ばれる。

これが一本に何百となり、白っぽく熟れたら上の皮をむいて食べる。大層甘い。「甘いコミッとした味」だという。九月末の小豆もぎ頃、食べた。秋田では、他に十和田町でマハッツブ、鷹巣町でマメホウズキ、比内町ではマッツブ、またマッツブコ。ほうずきにすると、丹波ホウズキの大きな音に比べてクックッ、クックッと鳴ると。岩手では葛巻町や岩手町でハッツブともンマノハッとも、津軽ではマッパホウズキ、山形の温海町でマファ、新潟県山北町でヤマホウズキ、それから岐阜の徳山村ではハンゼ、稗穂《ひえぼ》とりをしながら食べるのが楽しみだった。藤橋村ではコナスビ、坂内村だとクサホウズキ、滋賀県永源寺町ではイヌホウズキという。

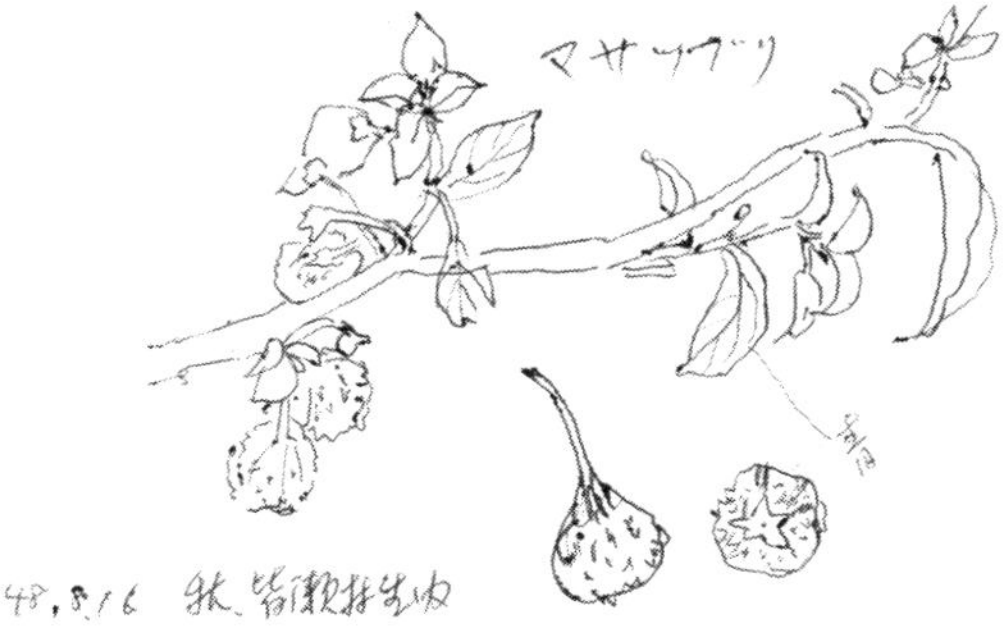

　大きな袋ですっぽり身を包んだ丹波ほうずきと、可哀想な半分裸のこの実とは、どこでもいい話のたねにされる。たいてい両者は機織りすることになるが、南津軽や秋田の比内町の辺りで、二人は嫁と姑だという。南津軽の碇村で花岡さんが話してくれた。姑はマデーに（丁寧に）マデーに身を包もうと思って余り時間をかけすぎてしまったので反物を織り上げることが出来なかった「マデーに身をくるむどおもて尻はとっぱらねでしまった」。これに対して若い嫁は「どでもこでも」と急いで織ったので荒っぽい織り目ながらちゃんと身をつつむことが出来た。

　あちらの言葉の通りに伝えられないのが残念、私自身ほとんど解らなかった。しめくくりの言葉「んだはで、マホウズキだけァんたばまいね」「だけァんたばって何ですか」「マホウズキみだいなことではまいね（いけない）っちゅう」。

岐阜の根尾村下大須でハンゼ（イガホウズキ）は、稗穂とりをしながら食べるのが楽しみだったという。藤橋村鶴見でも、コナスビ（イガホウズキ）は甘くておいしいといい、坂内村広瀬でクサホウズキ（イガホウズキ）はサルナシと同じ味だなどという。サルナシは、木の実のおいしいものの代表だ。滋賀の永源寺町ではイヌホウズキの名だが、紫に熟してうまいといい、新潟の六日町や松代町では酸っぱいものをスッパツと名づける。ただし八月末から九月にかけて熟し、落ちたのを拾って食べればすっぱくもなく、甘いという。岐阜の春日村古屋でなみ子さんが話してくれたナランボチというのも名前は他に聞かないが、イガホウズキのことだろう。

「地にひっついてる。ねそべる格好。秋、青く熟れる。種子は細かく赤い、よう色むとおいしく、その頃ゆすると土の上に落ちる。成り元から中の赤い種子が見える。茶畑にあり、尻がむき出し」

山ほうずき ──センナリホウズキ

イガホウズキと違って、このホウズキなら我が家の庭先にも生えたことがあった。二、三列のきゅうりを作った端に伸びて来て、見たことのない草だから正体の知れるまでと残しておいた。花が咲いた頃から茄子にも似てるし、いやいやホウズキの方により似ている。どうやら千成りホウズキらしいぞと思ったら、やっぱりそうなって、平べったく這うように広げた枝の下側に、小さな青い提灯をいっぱいいっぱいつけた。

秋田の十和田町神田でセンナリホウズキをサドホウズキと呼ぶのは、山にあるイガホウズキに対して里なのであろうか。それとも甘くてサド（砂糖）なのか。千成りの名のとおりたくさんの数のなる、ほうずき型の小さい実は、熟れても青いままで、子どもが食べる。

福島の南端、矢祭町栗生《くりゅう》ではチョウセンボウズキの名前、熟れて黄色くなって落ち、そうなったらことに甘いという。同じく河野谷地ではイシボウズキ、これらの名は子どものあこがれの赤いホウズキに対していささかの差をつけているのだ。栃木の田沼町船越でのネンネンホウズキは、小柄なところをいっているらしい。

センナリホウズキの名は佐渡（相川町北立島、姫津、羽茂町飯岡）でいう。「普通のホウズキと同じ形だが、極く小さく、赤くならず食べる。甘い」と。岐阜の春日村古屋でなみ子さんがいうのも同名、「帋が青いのをつくねてあるのが時々ある。あとで食べるらしい」といっていた。

滋賀の信楽《しがらき》町多羅ではヤマホウズキ、食べることがないし、ホウズキにするにしても皮が柔かく、破け易いと岩井さんが聞かせた。島根の津和野町の人たちも「赤い方と違って食べられない」といい、名前もイヌホウズキ、隣の日原町滝沢でスクモホウズキも、スクモ（籾がら）のように役立たずのホウズキというのらしい。

九州ではまた待遇が戻る。薩摩半島南端の頴娃《えいちょう》町加治佐でフズッ（フズキ）は、熟すと紫色になり、中身を食べるし、また鳴らす。明治二六年生れの西篤さん、こちらには赤い普通のホウズキはなかったというのだから大事にもされるであろう。

同じく馬渡《まわたり》の部落で鎌田シズエさん（明治三一年生れ）も、「赤いほうずきは昔はなかった、熟したら紫になるウンチッを鳴らした。ウンチッの他にはタッ（イヌビワ）も鳴らす」といった。

甑島《こしきじま》浜田では単にフーズキ、こちらにも赤いホウズキがなかったからこの名でも充分だった。しかし、イヌビワをほうずきにしたともあるように、いろんなものをそれに工夫しているので、呼び分ける名前も多くなる。甑島の上甑村瀬上で、お茶作りで忙しいなか、一晩泊めてくれた柳スミさん（明治四一年生れ）は、同じ村江石から嫁がれていた。子ども時代に遊んだフーニュギ（ホウズキ）には四種類あったと聞かした。

「トコロフーニュギ——センナリホウズキ
マイフーニュギ——イヌビワと思われる。
カンニャフーニュギ——カンニャ（カズラ）になるフーニュギ、一つの実にグミのような実が幾つも
　つき、これを欠いてフーニュギにする。ビナンカズラのこと。
ジガラフーニュギ——内地から来た赤いフーニュギ」

鹿児島の阿久根市から天草に渡る間にある長島鷹の巣で呼ぶフテフズキの名はおかしい。青いさやのままふて（額）に叩いて、ピチンとつぶして遊ぶからだという。天草でも同じにふちゃ（額）に叩いて遊んでおり、フチャフズキ（河浦町今村）と呼ぶ。長島隣の伊唐島でも遊びは共通なものの名前はハタケフズキ、「ずぐろになったら食べる」という。

沖縄でもこれでホウズキにする。金武村屋嘉の名はその鳴り音に違いないクークー、西原村や大里村ではハナビー、畑《はる》にさがしに行った。与那国祖納《そない》ではヒチチングヮ、あまり多くはなかったのだろう、友だちと紙と交換したりしたと内原さんが聞かせた。

じゅうだま ――ジャノヒゲ

兵庫県城崎郡香住町下浜で、生れ子にはじめて舐めさす、胎毒下しにジャノヒゲを使ったというのは珍しい。呼び名をグスダマといって、これの根と蕗《ふき》の根、それにカンゾウ（甘草）を煎じて飲ました。

ジャノヒゲは、よく雨垂れや屋敷まわりに植えられる。冬にも枯れることなく、根を編物のように固まりとなして株を広げ、石の間なら振りかぶったぶ厚い緑のクッションで覆いとなし、手荒い扱いにもめげず、自ずと地面の垣の役目を任じている。いったん移し植えたら増えに増えて、かぶつを誇る。胎毒下しには苦いものの他に、勢盛んなものも使われているから、その後者にあたるのだろうか。

子どもは、これの玉を突き鉄砲の玉にする。鉄砲はたいてい細竹で作り、これより一まわり細い突き棒で、もう一つの後から入れた玉を突き棒で押しながらこれを弁として空気を圧縮し、前の玉を飛ばしてやる。だから玉は、筒にピッチリはまる大きさでないと都合悪いのだが、その点ジャノヒゲの玉は外側の緑の皮がつぶれることで筒のふさがりを良くし、その下の堅い水晶体の玉が飛び出す。これを打つ時には、皮の砕ける音だろう、「ジュウッ」と音がするそうだ。以下のジュウ玉系の名は「銃《ジュウ》」を意味したものでなく、その打ち音であるらしい。

ジュウダマ　島根県津名野町寺田、山口県山口市仁保、徳地町羽高、長崎県飯盛町
ジンタマ　千葉県富山町平久里
ジーダマ　鳥取県関金町泰久寺
ジーガタマ　島根県松江市新庄町原
ジーノタマ　岡山県八束村下長田
ジュウゴダマ　広島県三和町敷名
ジュンダマ　淡路島北淡町黒谷、生田、東浦町
ジュンノミ　天草有明町大浦
ジョンジョノミ　隠岐西郷町有木
ジュジュダマ　広島県三和町上壱

それにしてもこの草の名、ジャノヒゲとは珍妙な名である。別名リュウノヒゲにしたって同じことで、一向に覚えられないのは私ばかりではないと思う。なにしろ、ありもしない姿を想像するのだから甚だ難しい。

突き鉄砲の玉にされるのには、榎の実があり、サンゴジュの実があり、杉の芽がある。けれども草であって彼等に玉を提供するのはリュウノヒゲぐらいなので、そこを区別して、

クサダマ（大分県竹田市矢原）、タマクサ（徳島県神山町上角）、クスダマ（京都府日吉町片野、鳥取市福井、岡山県新庄町、久米町、鏡野町、奈義町）、グスダマ（京都府京北町矢代中、丹波町上野、日吉町佐々江）、スダマ（岐阜県笠原町、岡山県勝田町梶並、作東町栗井、兵庫県千種町岩野辺、夢前町谷）、スゲと似た草なのでスゲンタマ（富山県平村相倉、小瀬）、スゲダンマノキ（岐阜県坂内村広瀬）、藪の中に玉をさがすので、ヤブタマ（岐阜県笠原町）、ヤブダマ（愛知県稲武町梨瀬）

もある。

佐渡羽茂町飯岡でいうイロイロガワリは、この実がはじめは緑色、それから熟れてくるとまぶしいばかりの群青の色、その皮がむければ半透明の白と色変りするからであろう。子どもは、むき出した水晶体の玉を地に打ちつけて弾ませて遊ぶ。思いの外高く上がるのだが、ゆえにアガリダマ（茨城県里美村）とも名付く。

また、その玉の水晶の玉なる質を賞でてスイショウ、スイショウダマの名も出来る。後者の名で呼ぶ高知県池川町檜谷や大影の子たちは、青い皮をむいた後、針で貫いて腕や首に巻いたそうだ。

水晶の玉はまた眼の玉をも連想させるのだ。夜目にも光る猫の眼なら、もっと印象的だ。

ネコンメ（千葉市土気）、ネコダマ（静岡県佐久間町、水窪《みさくぼ》町、宮城県丸森町、茨城県大子町、美和村塙、栃木県南那須町志鳥、市貝町田野辺、粟野町五月、宇都宮市桑島）、ネコンダマ（愛知県設楽町、大分県野津原町）、メンタマ（佐渡両津市羽吉、金井町千種）、ババメンタマ（佐渡羽茂町大崎）、ババノメンタマ（福井県池田町）、オイチノメダマ（京都府東山岡崎）、メヒカリダマ（愛媛県砥部町日野川）。

この他にもまだ遊びのたねはあり、麦わらや細竹の先を割り広げたもので群青の玉を空に吹き上げる。呼吸の勢によって揺れながら宙にとどまり、上り下りするのである。

フキダマ（岐阜県久瀬村津汲、淡路五色町鮎原、一宮町、京都府宇治田原町立川、湯屋谷）、フルフルダマ（兵庫県氷上町賀茂）、ホロホロダマ（滋賀県土山町大河原、京都府三和町友渕、夜久野町、兵庫県青垣町大名草、氷上町賀茂）。

などの名はこれによっていよう。

奈良の十津川村ではスケダマの名である。アマダケで鉄砲を作り、スケダマ鉄砲にもしたし、またクグツ（鳥捕りのコブチ罠）の餌にもする。そしてまたチングリダマ（ヤブコウジ）の赤い玉と取りまぜて、針のような松葉に貫いて花に咲かせて遊んだという。

酢《す》いぶ――エビヅル

店頭に出る種なし葡萄、デラウェアをぐっとミニチュアにし、色を紫黒にしたのがエビヅルの実である。酸っぱいけれども、それを上廻って甘みも強いから、素晴しくおいしい。粒の大きいヤマブドウは、これからみたらずっと大味である。木もヤマブドウとは比べものにもならなく小振り、葉などは六分の一ぐらいか。ヤマブドウが深山に入らないとないのに、エビヅルは山田の土手などにもあるものだから、小さい者の手にも合う。毎年決まってそこにみのることだから、私たちなど、はるか前、まだやっと粒をなした頃から何度となく葉をわけて覗いて、食卓の整うのも待ったものである。

エビヅルの名の由来を私は海老ヅル、このつるの赤味帯びたところからくるのではないかと考えた時期があった。九州の方でガネブと、ガネ（蟹）にかかわるような名に出会ったせいだったのであるけれど、山道でこれに出会うたび、まるで木の上で海老を捕えるばかりの勢でつるを睨めた。

だが、これはただの語呂合わせで、これでは日頃辟易させられているところの、庭木いじりならぬことばいじり探索ゲームに組するものであった。

目が覚めたのは、佐渡でスイブの名前を聞いてからである。島の東南の赤泊村、また西海岸の相川町高下では、エビヅルをスイブと呼ぶ。「小粒の山ぶどうで酸い酸い」と。はっきりとした地域差はなく、赤泊の隣の羽茂町や、柳川の隣の金井町や畑野町ではスイビになり、またその畑野の一部や両津市になるとスイブドウと呼ぶ。これらのところでは、どこでも山にはオオブドウとコブドウがあると教え、それにスイブ（スイブドウ）がある。オオブドウは九月二〇日頃に食べられ、コブドウはこれより遅く一〇月上旬、ところがスイブだけはその頃にはすいくて食べられない。葉がすっかり落ちた一一月頃になって、やっと熟する。

コブドウというのは酸い味がしないというから、サンカクヅルでもあろうか。北端の鷲崎では、オオブドウ、コブドウ、スイブドウの他にマツブドウもあると教えた。これはマツフサであるのに違いない。

エビヅルのブドウは、ほんとうに酸っぱいものなのである。霜も一、二度当る頃になって、完全に熟したものは酸味も質変り、それ以上に強大な甘み増すものだから、酸っぱさもそう気にならなくなるのだが、熟する前のは舌がしびれるほどに酸い。それも、色が青いとかいうのなら見分けがつく、すっかりうれた色をしていながら、それなのである。

山を巡る子どもたちは、手あたり次第食べてまわる。ほんのわずかずつの物でも、数が重なればましな量にもなるものである。熟れた色のエビヅルなどもその度につままれ、またその度に食うに堪えないとのことを子に教える。スイブドウ（酸いブドウ）の名は、付いてしかるべきものだったのである。

スイビの名で呼ぶのは佐渡ばかりではなかった。長野の下伊那売木村でもスイビ、京都府の京北町周山ではスイベと呼んだ。瀬戸内海の倉橋島ではスイママ（ママはこちらで果実一般をいう）ともいったが、またイビとも呼ぶ。

エビヅルをいうエビの名前は、全国的規模である。

そぞめ——ガマズミ

ガマズミの実は、小さなラグビーのボールのような格好で、あまり大きくならない木の枝先に傘のようについている。秋になると、この実は赤く色づき、鮮やかな色となって秋の空に染め抜いたように美しく映るようになる。しかし、まだこの頃の艶々と張り切った実は食べるには早過ぎて、ただひどく酸っぱいだけである。だから気の早い子どもたちは一度は味見をしてみるが、それ以上食べるようなことは決してない。

甘く、充分なおいしさになるのは、霜の降りた後のことである。二度、三度と厳しい霜に合う度に、今までの鮮やかな光は失せ、その輝きは実の内側へ籠って甘さを醸《かも》す。水分もすこし少なくなって、実はねっとりとして来る。

こうなれば、自然は子どもと、それから小鳥たちにふんだんにおやつを与えたことになる。

子どもたちは、実のついた枝ごとを手に持って、その実を歯でしごき取っては、しばし口中でモグモグやって種を吐き出し、そしてまた口をあける。

ガマズミ

福島県側から山を越えて到るところの宮城県の丸森町、ここの大内とか川張という村で霜後の実を集めて、袋に入れて汁をしぼり、一升瓶に貯えておいて酢として使った話を聞いた。大根おろしなどにかけ、これは辛味を抜くので、おいしくもなったし、子どもでも食べられた。今ある醸造酢が作られるようになるまでは、いずれこうした果物などを発酵させるとか、山の木の実などからとるものだったろうから、そんな中でガマズミなどは、味といい、多くあることといい、主要な一つではなかったろうかと思う。

どこでもやっているのである。
岩手の山深い岩泉町安家《あっか》でも、秋採った実をそのまま瓶に漬けて置き、上澄液をしたみとって大根おろしにかけ、年中貯えて使ったという。

茨城県北部の里美村では、霜後の実をしぼって三杯酢として使ったことを教える。味もよいし、甘さがあるから砂糖などは使わなくともよい。ここでは粒の大きい方の実をモチヨッツヅミ、小さい方をウルチヨッツヅミという。

漬物にもよく応用され、薄切りにした大根の上にのっけて浅漬用にされ、大根が赤色に染まるだけでなく、ガマズミの酸い味と甘味と、そして柔らかい風味もまた大根に移る。

丸森町大内では、酢にしぼったしぼりかすの中に丸のままの大根をつけた。これを切れば、外側だけが赤くてちょうど日ノ出かまぼこのようになって面白いのだという。

こうしたガマズミの使い方は、われわれが梅の赤い漬汁に生姜を入れたり、茗荷を入れたりするのと変らないのだろう。あの優しい色に染まったものは、ほの酸い風味とともに私たちに快い刺激を与える。いつの時代にも食卓の変化は求められ、そこが母親たちの苦労でもあり、また楽しみでもあったのだろう。

鹿児島県有明町蓬原や山重の呼び名、ナベンツイは面白い。「鍋のつる」の意だ。「鍋にはツイがある」といい、「昔はゆるい（いろり）で自在鉤《ずぜかぎ》ぢゃったで、鍋んなねっかいつい（ついがちちょった」という。その鍋んつい、「ひっちぎれたとか（時は）針金《はいがね》でこそくった」そうであるけれど、針金が使われる以前は、ねじ木にもされてしわく、丈夫なガマズミ類があてられたのであろう。

隣、志布志町安楽でナベツウシは、たんすなどの釘にするという。大崎町野方ではナベツシ、宮崎県日向市細島ではナベトウシと呼び、いずれも実を食べる。千葉県勝浦市大沢では「スズミ（ガマズミ）成りいい年は豊作」という。

生姜ぶどう——マツブサ

解ってしまえばなんていうことはないのに、それまではいろんな風に考える。私はマツブサの実を食べたことはない。耳学問だけなのである。

宇治から信楽焼《しがらきやき》の信楽町に入り、そこの一番奥多羅尾に行く途中の小川出という部落で、ワタフジの実も食べられると聞いた。黒くてアキハゼ（ナツハゼ）より「いかいモモ」がなって紫色、葡萄のように房になる。ナツハゼより大きい実で、房だったらギョウジャノミズでしょう。「葉っぱは三角みたいなのぢゃないですか」、「そうぢゃなあ、三角みたいなようぢゃなあ、あのつるは臭いぞ」、えっ茎が臭うのならそりゃあマツブサだ。「解った、松の臭いがするんでしょう」、「いや松とは違う、薬の臭いだ、昔なんとかいう女衆の飲む煎じ薬があったが、あれといっちょも変らん」

次の場面はちょっと遠くに飛ぶ。五〇キロほど離れた蒲生郡の日野町平子、私はそこに行くまで、多羅尾に二泊、神山、丸柱、外山、上馬杉、鳥居野、土山町、青土、鮎河、大河原と一一日もかかっている。お寺さんにもいちばんよく泊めていただいたとこで、うち七軒が寺、あとは民家。この時は二月に家を出たあとの八か月後、家に向かって東に進んでいたが、疲れも出ていたし、旅が日常のようになっていた。それなのに、こちらのノートにはワタフジに関したことが一つものっていない。よっぽど新手の敵を敬遠したものと見える。平子部落の、名前は聞かなかったが、熊野に向かって行く道上にある最初の家で、やっぱりワタフジといって、つるを乾して貯えておき、小さく切って煎じて風呂に入れるという。薬の臭いがし、「ぬくとまって冬一番いいなし」。うちにもまだ乾したのあったけなし、とおばあさんがいう。それを受けて、庭で薪割をしていた御主人が家の裏から一本持って来てくれた。

人差指くらいの太さ、亀裂が入っていてバリバリはがれそうな松の幹とそっくり、色合いはあんなに

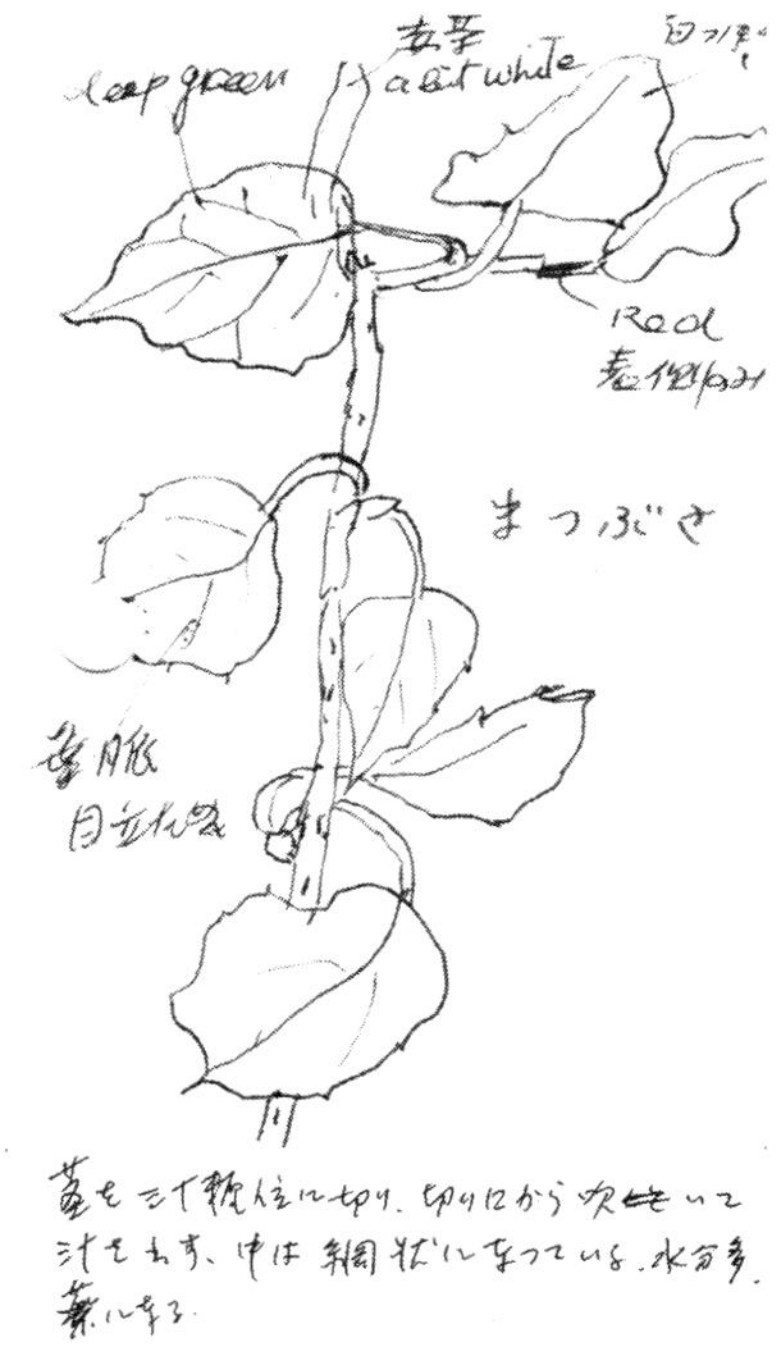

赤っぽく濃くはないけど、年経たように皮がはじけ、盛り上り、深く皺を刻み、とも角立派な風格をしている。でも問題なのは姿ではなくて、これを触ったところだった。フクフク、フガフガ。綿なのである。スポンジの腰のなさとは違う。糸でくくった綿芯の毯の弾力、二枚敷かないと敷いた気がしない座布団のあのつ

かみ具合、やっぱり綿だ。

平子では寺を当てにしたのだったけど、道からは見えないような山の中にあって無人だという。それでまた大河原まで引き返した。その大河原ではヤワヤワフジといっていた。誰でも産後百日くらいはこの薬湯に入った。実はマツブドウという。そこからもうちょっと進んだ永源寺町だとワタコフジ、実はヤマブドウという。岐阜の西の坂内村や美濃市奥板山ではショウガフジ、実はショウガブドウという。生姜のにおいがするという。

こめぐん――アキグミ

昭和五〇年の旅は明石まで汽車で行き、淡路島の富島に渡ってこれが皮切りであった。内陸部の津名町大町のあたりを通ったのが二月の一一日、通りに面して石の門柱のある可愛い小学校があったので飛び込む。島に来て以来、聞いた草木の名前がわからず、図鑑を見せてもらおうと思ったのである。

学校では、校長さんと教頭さん二人の手を煩わせて恐縮した、そのうち、箱木校長さんがこのようにいう。

「シャシャンボなら学校の庭にもあるはずだ。今もまだ実が残っているだろう。ただし、子どもたちが食べてしまってでなければだが」

庭の隅にある物置小屋の横の狭い土手に、中ほどから枝を垂らした格好のアキグミの小木があった。案じられたようなことはまったくなくて、どうやらこの庭の赤い実は、子どもたちに完全に無視されているものらしい。秋グミは名の通り、秋の終りにはもう熟んでいて、霜が降りた一一月頃にたいてい食べる。小鳥にも子どもにも相手にされなければ、こうして残るのだろう。

実の張りがなくなって、半分疲れたような玉になっていたが、酸味も渋さもない、甘さだけ残る実で本当においしかった。

このグミは、夏や春食べる普通のグミの三分の一ぐらいしかなく、それといい、秋遅く熟することといい、到底一つ種類とは思われない、そのあたりを高知市の子どもたちは、アキグミをシャシャブ、普通のグミをグイミと呼んだ。

シャシャブの従兄《いとこ》は　グイミ
グイミの従兄は　シャシャブ

九州の方には、コメグンの名がある。

鹿児島は肝属郡《きもつきぐん》の辺りから、日置郡、加世田市、長島、五島まで、コメグンまたコメグミ、薩摩半島の南端ではコマグン、五島の宇久町でだとゴメゴメ、ずっと東、広島県の能美島高田でもコゴメブイブイという。このコメは「米」ではない。もっとも米だって意味は同じところから出ているのかも知れないけれど、こまい、小さいということである。南では、小さいものはこまかという。薩摩半島の南頴娃町《みなみえいちょう》や知覧町でいうアワグンも小さいところをいうのかも知れない。頴娃町の加治佐で明治二六年生れのおばあさんの考えでは、粟のように「こまっちゅうことぢゃろ」ということであった。

アサドリとかアサエドリ、アサダレなどと呼ぶのは出雲から鳥取、岡山、広島とずいぶん広い地方で、この辺りではどこでもこれで茶を作る。春の田植え前頃、若葉を摘んでコシキ（蒸し器）かまたは鍋に水をぱらっと入れて蒸し、上げたらちょっと風を入れてぱらんぱらんするようになったらムシロの上でよく揉む（これは揉まない人もある）。それから陰干しにし、飲む時にちいとあて炒って茶にする。「においがいいけんの」という。ただこの葉には、ちかちか光るような銀白色の粉がある。茶にした時には上にこの粉が浮いて、知らない人は戸惑うそうである。

隠岐の島ではこれをタナゴと呼んで、毎年秋になると、タナゴ食いの遠足があったというのは面白い。「島前の文化財」二号（隠岐島前教育委員会）の中にある。

「今年はどの牧がよいか、タナゴの熟し具合はなど子供の興味の中心であった。先生は又如何にして翌朝無事に子供の顔を見るかが心配の種でもあった。それは種子共に食うので、その実の渋と結合して過食はひどい便秘になり、しばしば医師の手をわず

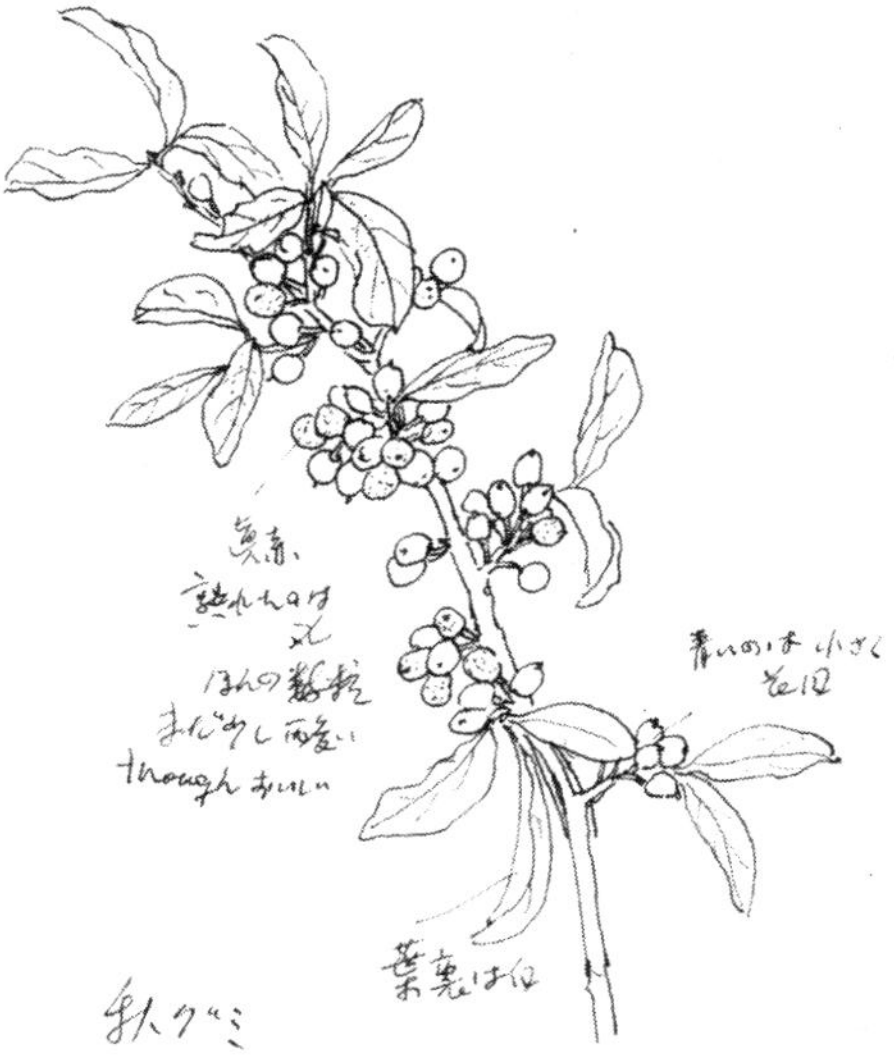

らわすからである」

果してこの地のタナゴは、この本の著者がいうように、段々畑の傾斜地を「棚」というので、そこに多いタナゴ＝棚子なのか、それともまた種ごと食べるタナゴ（種ゴミ）なのか。

かくいうのは、今日は船に乗って帰るという日の朝、港のある海士村菱浦で宿屋の朝の膳に何という名か、三匹の小振りな魚の煮物があって、これが脂がのってじつにうまい。それを頭からかぶりつきながら給仕に出てくれたおばあさんにいうと、「おいしいでしょうがの」といった後で、

「この魚は頭ごんでたべられっけんね」

といった。島の親たちは、山で働いた後とか草刈に行った時には、タナゴやエビ（エビヅル）を「なにやめても帰りしなに見つけて帰りましたわ」という。子の土産にである。タナゴを壺に入れて蓋をし、三、四日ならしておったらおいしいという。タナゴが余計なった年は、雪が多いそうである。

小椎《こじい》――シイ類

椎は北にはなくて、私がはじめて食べたのは佐渡だった。内陸部の飯岡という村で、一夜泊めてくれた沢スヘさんが姫グルミと並べて庭に少し干してある中から、一掴みして来て焙烙《ほうろく》で炒ってくれた。ナラの実などからみるとはるかに小粒で、細くて背の高いのがあり、太って短いのがあり、てっぺんには毛足のすり切れた房をまだのっけているので、三角帽を集めたようでなかなかユーモラスだ。

炒れたらポンポンと鍋の外に飛び出した。縦に割れた皮の内から白い身が顔を出している。これは生でも食べるが、炒った方がよりうまいという。食べたところは、銀杏と百合根のような香がした。この時は一一月も末だったのだが、この実は一〇月から寒くなる頃に拾う。ことに西風の吹いた後にはよく落ちるそうだ。

子どもたちは椎拾いに一生懸命になった。

椎椎《しい》　めいんさい

おれん目に　ばっかり
（静岡　相良町）

颪颪　吹け吹け
お椎椎《しいしい》　あれあれ
明日《あす》はお山の　ホッケッキョ
（和歌山　本宮町湯峯）

椎ひらお　樫ひらお
戻りに狸に　化かされた
（高知　安田町）

高知の池川町下土居で、なんという神社であったか村なかの道から高い石段を登って行くその境内に、椎の木がたくさんあると言われて、拾いに行ったら、それはまあ小さい小さい、佐渡の椎の三分の二くらいの、ほとんど縦横同じほどの丸い可愛らしい実であった。南では、これをコジイ、またコージイと呼ぶ。

宮崎の門川町で食べるのは、このコジイだけだという。もう一つ大きい形のダイバンコジというのがあるが、それは食べない。ここでダイバンとは物の大柄なところをいうようで、大男などを、「あの人はダイバンぢゃ」という。大分の野津原町だと、コジイのことはコメジイという。米のように中が真っ白なのだというが、コメえ（細い）の意味なのかも知れない。一方、尻の窪んでいる大型の、やっぱりこちらも食べる実をムギジイ、またシリクボジイという。徳島の海際の町、宍喰町では丸い方をマルコジイ、長い方をテッポウジイ、愛媛の野村町ではコメジイとナガジイ、それにもう一つ一番大きなタアラ（俵）ジイというのがあるという。茨城の麻生町でも、タアラジ

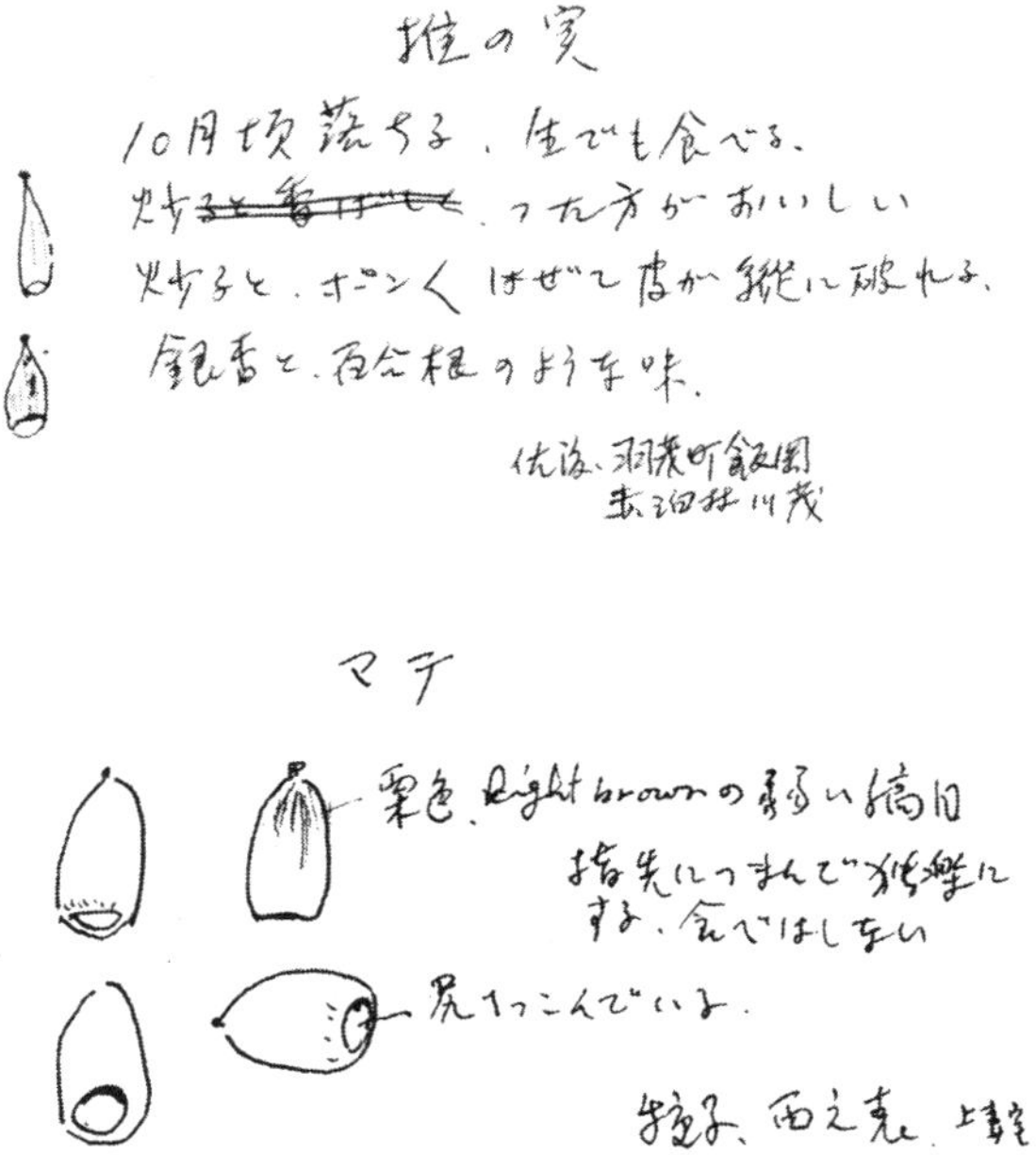

という名で呼んでいるのがあった。普通の細長いシイに比べて丸くて大型なのだと。

鹿児島の南の島々や壱岐で、マテと呼ぶ椎がある。生でも食べるが、栗のように茹でて食べ、茹でるとやっぱり皮が裂け、身は甘くておいしい。甑島《こしきじま》では、マテは上から何度も踏みつけると甘さが増すのだといい、叺や袋に入れて踏台や梯子《はしご》の下に置き、踏んだ上がりに食べる。ただこの実はあまり多く食べると脳によくない、「走り出すで」と物騒なことをいう。

同じ甑島の浜田でなら、椎拾いは九月九日と決まっていた。この日以外にも出掛けたそうであるが、九日だけは必ず「椎拾いや」と言って子どもたちが皆で出掛けた。島根の大東町の辺りでなら、椎を拾うのは一〇月の末頃だった。拾って来たものは水に浸して浮いたら虫喰いを除き、一週間ほど天日に干して貯えた。

南の島になると、椎はますます尋常な食物になる。奄美大島などでは、九月、一〇月、一一月と拾い、一人一日一斗五升も拾う。津名久《つなぐ》のユキズルさんによると、年で四斗入りのもの三〇俵も拾ったという。干して貯え、臼に入れてアディム（立杵）で搗《つ》き、シイウバン（飯）や、シイフング（椎粥）にする。

「まさりようたんかな（うまかったものだ）」という。

冬

舌割れぶどう――サルナシ

「山でんまいもの」に、いちばんにキイチゴを挙げる人が多いことを前に述べたが、サルナシのあるところでは、これがその上位をいく。マタタビのように成り下り、マタタビを三倍太くした、横が太いぐらいの丸い実。珍しいのは熟れても青いままでわずかに黄色みを帯び、触ればポヤポヤと柔くなって食べ時を知らせる。中は薄緑色のゼリー状、キュウイのごとき小さな種が車座に散らばっている、独特の香りがあり、甘い。

しかし、多く食べると舌が割れるという。縦に溝に沿って割れるそうだ。ただ、霜が当って、実に皺が寄るようになったら割れないともいうから、取れたての生きのいいのをむさぼり食うことによるのだろう。

静岡市井川ではヘソブドウと呼ぶ。マタタビとこれも似ている。ツンと尻をつぼめた跡の臍《へそ》がある。房ではないが連なり下がるところ、ブドウのようでもあるのである。山梨県の早川町上湯島で深沢ぜんさんのいうのはタアラブドウ、しかしもう一つ、シタワレブドウともいう、と。

この実は深山奥山に行かないというが、島根の柿ノ木村福川から津和野に山越えする道、折橋部落の少し手前の雑木の茂った中にあった。

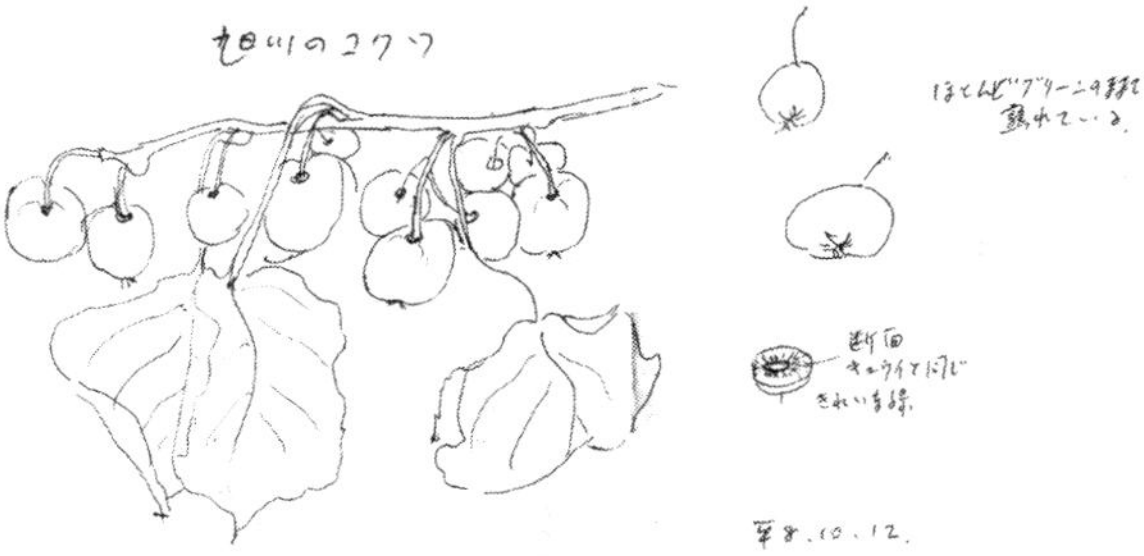

折橋で名前を聞きたいと思ったが、五、六軒の家には人影がない。昼になったら帰られるかと人の家の縁側で弁当を食べて待っていた。最初に現れたのが五〇代くらいの御夫婦、田の草取りの帰りだった。名はシラクチという。山で喉が乾いた時太い茎をすっぽり切って、切り口から垂れる汁を飲む。少し渋味があるが、色は透明できれい。薬とは聞かない。それから実も食べたりはしない。実を食べないとは同じ村の木部谷というところでも聞いた。ちょっと不思議な気がする。

これにはシラクチ系の名前もある。滋賀や広島、島根ではシラクチ、東北ではシラクヂ、シラクツ、そして岩手の田野畑村明戸ではシタグジ。舌をくじるのシタグジらしい、舌が「割れる」との激烈なものいいするところを見れば、シラクチが「舌くじり」だった可能性はある。

サルナシでもっと多い名前はコクワ系である。

コガ（青森、秋田、岩手）、コグワ（山形、福島、新潟）、コクワゴ（新潟県山古志村種苧原）、コクボ（岐阜県清美村、岡山県奥津町）、コクオ（滋賀県木之本町金居原、岐阜県徳山村上原、塚)、コクホ(岐阜県徳山村戸入)、ココオ(愛知県設楽町納庫)、九州でも、長島でも甑島でもコッコ、「コッコはんまいものなー」と語る。下甑村瀬々野浦で昭和五〇年当時九七歳になるというふいのさんたちは、

コッコー　ベコ振れ*
コッコー　ベコ振れ

＊糞

といって揉んで食べた。揉んでいると柔くなり、中身がしぼり出て来る。

五島列島河浦町板之河内ではクオックォ、伊唐島《いからじま》ではクオッコ。

サルナシのつるの特性は、これを切って水を得られることである。山でのどが乾いた時、太い茎をすっぽり切って、切口から垂れる汁を飲む。島根県柿木村折橋では、「少し渋みがあるが透明」といっていた。この汁は各地で腎臓の薬にされるのである。広島の口和町《くちわちょう》中祖でも、シラクチの汁腎臓の薬にすると教えたあとに、マタタビも汁が余計出る。この水を飲んでまた旅をしたのだとつけ加えた。

青森の木造町ではニギョウと呼んで、木を切らずに汁を飲むことをした。太いので一〇センチ径ほどの幹になる、これを皮を少しはがし、カヤ(ヨシ)を身の間にはさんで生汁をとる。太いもので四升まで、限度を越えると枯れる。腎臓の薬だという。同じ県碇ヶ関村《いかりがせきむら》では、ネギョウの汁をビンに採り、かっけ

の薬だといい、佐渡両津市願では、コクのつるの汁、胃腸の薬という。

このつるは丈夫なことでも知られている。徳島県東祖谷村のかずら橋もこのつるである。板屋根をしばるに使ったり（静岡市井川）、カンジキの輪を締めるのに使ったり、小便たごの吊手にしたり（岡山県湯原町）、ジイノドウラン（サルナシ）のつるを肥たごの手に、皮を裂いて牛追い綱にしたりする（岡山県川上村白髪）。

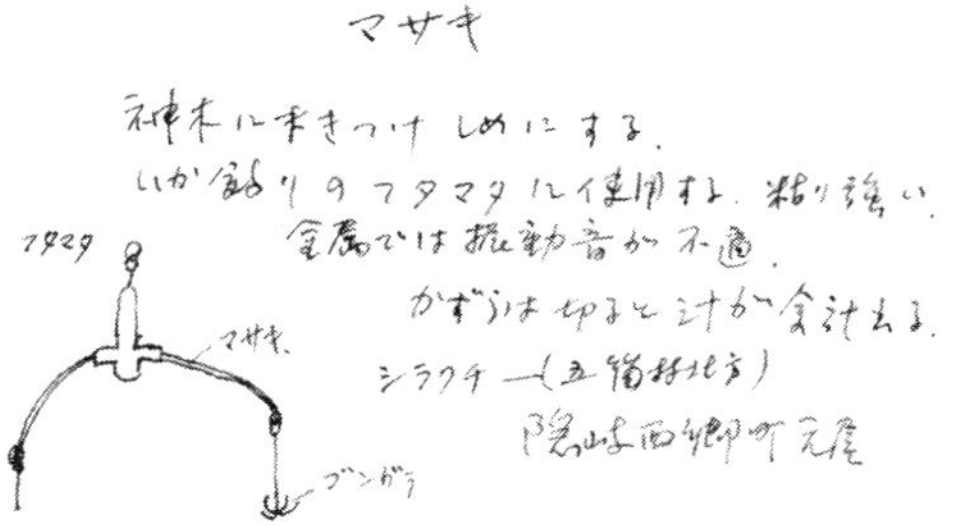

隠岐西郷町元屋で聞くと、神木《しんぼく》に巻きつけしめ縄の代りにするそうだ。またイカ釣りのフタマタという道具の腕に使用するという。粘りが強い、金属では振動音が不適なのだと。

和歌山県の竜神村大熊では、一本橋を渡すに、元の方に穴をあけてシラクチカズラで固定する。末の方は固定せずに、大水が出た時外れるようにしてある。水引いた後は、川を渡って綱をつけ引っぱり戻す。

岩手の住田町世田米を通った時、この辺で葬式の後で念仏申す、その百万遍に使うような大数珠はコグワ（サルナシ）で出来ていると聞いた。南の気仙沼市立沢でコガンヅル（サルナシ）で作ってあるというその実物を見た。厚み五ミリぐらいの薄い珠がかたく連ねてあった。

山梨 ――ナシカズラ

昭和五〇年二月、淡路島の洲本市相川で宿をもらった高田さんの隣の家の御主人が山で採って来たというナシカズラを見た。葉はついておらず、焦茶色の葡萄の枯れたつるのようなものに、ずん胴型の二センチは優にあるぐらいの玉が二つ、三つと成り下っている。上側にわずかに緑色が残り、あとは茶色で、全体毛ば立っている。

名前をコクモンジと呼ぶ。腕ぐらいのかずらになる、七つか八つずつ固まって実がつき、奥山などの谷にある。霜や雪降ってから、一一月一二月に食べ、ポヤポヤしてうまい。それ以前は酸っぱい。

三原町黒岩、南淡町土生でも名前が同じコクモンジであった。

その足で私は九州に渡ったのだが、大分の北、門川町小松で枯れたカズラだけがあり、これがコクモンジと同じかずらであった。ヤマナシと呼び、「梨と同じ色だ、中は緑色、種小さく、少しザラザラする。霜の後に食べる」と教える。ヤマナシの名は、それより南に向かった東郷町山陰、串間市大平、それから鹿児島の川内市でも共通で、薩摩町狩宿ではシモナシになった。

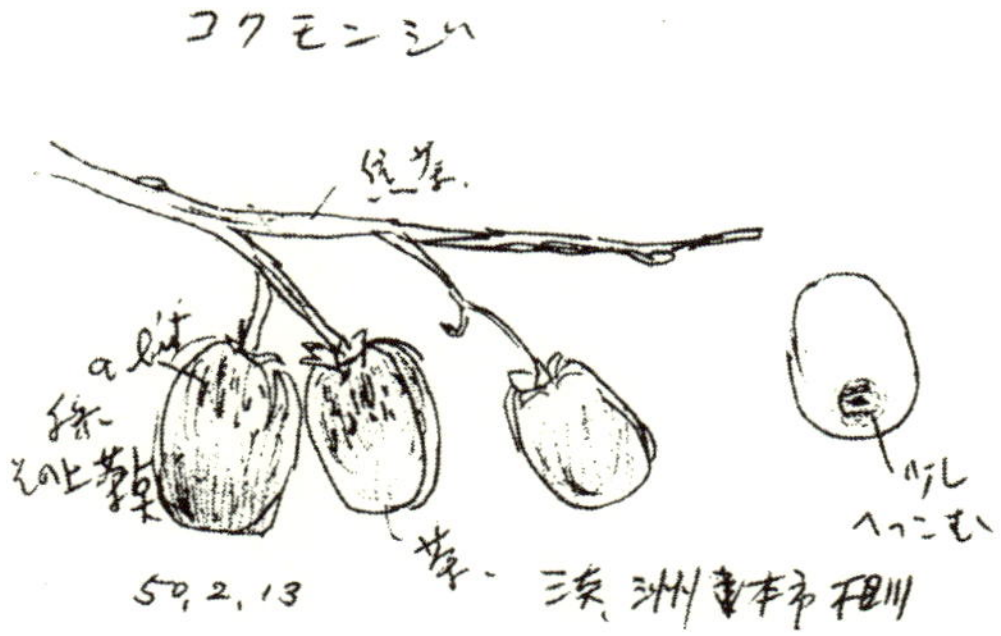

種子島ではコッコー（西安城）、コッポー（種子町油久、南種子町本村、平野）、屋久島楠川でもコッポーである。

奄美諸島では、卵と同名のクガで呼ぶ（奄美大島大和村名音、宇検村部連、平田、加計呂麻島諸鈍、薩川）、外側が茶色で中が緑色だという。徳之島でも天城町瀬滝や西阿木名でもクガだが、西阿木名で、兵庫の尼崎に出ている重原さんが、「大和でも店に出ているのを見た」といったのは面白い。これはまったくキュウイの小型判なのである。何年頃からキュウイは店に並ぶようになったか、このときは昭和五二年であった。

沖縄でも卵と同名のクガ（国頭村楚洲）ともフガー（同村奥、辺戸、大宜味村謝名城）ともいう。口にしぼり出して食べる。

金武村屋嘉や、宜野座村漢那《かんな》ではコーガと呼ぶこれを盆に飾る。まだ熟れていないのだが、未熟なのはいろりの灰の中に入れて焼いて食べたという。

いたぶ——イヌビワ

枇杷というよりは、イチヂクにそっくりな実の様である。木や葉を折れば乳液状の白い液が出、実はイチヂクと同じ花のつまった果のうである。黒く熟したものは子どもが食べ、ひどくうまいといい、また青い時分の実はほうずきにする。

ほうずきにする場合、柄についている成り口はそのまま、実の先端がすぼめた口状になっているのを利用するのである。奄美大島の名瀬市浦上や根瀬部《ねせぶ》、知名瀬《ちなせ》ではイヌビワをミンコまたミンコギと呼ぶ。ほうずきのことをミンコと呼ぶからである。実はとてもうまいといい、ただし、ミンコには食べれるのと食べられないのとの二種類があるという。

隠岐西ノ島町小向では名前をオボオボ、やはりホウズキにするというから、その鳴り音らしい。大分県清川村六種《むくさ》や竹田市矢原、緒方町小原ではウシホウズキ、六種の高橋ミチエさん(明治三一年生れ)は、「食べられん」といい、揉んで中身をしぼり出し、ホウズキにして鳴らしたという。実の先がしぜんと口開いている。

どうもこの木には、ウシの名を冠した名称が多いのだ。ウシモモ（愛媛県肘川町大谷）、ウシコウジ（静岡県西伊豆町禰宜畑）、ウシノフチャエ（熊本県西原村万徳）、ウシブテェ（大分県北郷村中尾）、ウシブッテイ（同県余目町桑原）、ウシブテ（宮崎県諸塚村、北川町下赤、南郷町上渡川）、ウシビテ（同県北郷村黒木）、ウシビッタ（山口県上関町）。

愛媛県野村町や広見町ではウシノシタ、食べられぬ方がウマノシタだという。宮崎県北郷町大戸野ではオシブテ、マッピ（真青）のうちにホウズキにするといっている。ウシやウマではないが、大分県緒方町上畑のセンチンブーズなどもホウズキにするにけなした名前のようだ。

一方、以下のチチに関わる名前は、これをもぐ時に出る白い乳状の液によるのだろう。淡路島の津名町王子、五色町鮎原西村、北淡町育波《いくは》などではチチンボ。直径二センチ、柄の長さ三センチぐらいあるといい、もぐと白い乳が出、これは茎や葉柄からも出る。葉は長さ二〇センチ、巾七、八センチあり、この葉は兎や山羊の好物である。大分県野津原町ではチチボに二種ある。カワチチボが食べる方で、ヤマチチボは食べれない方、後者は後で実の先が花のように割れ、毛羽が出ているという。

淡路島でも五色町広石の斎藤さきさん（昭和五〇年当時七六歳）によると、名前はチチモモ、二種類あり、食べられる方は黒く熟してうまく、実の形は丸形、食べられぬ方は黒くならずに赤っぽく、形も細長いという。チチモモの名は姫路市広畑区や山口県防府市右田でもそうである。ただし防府市のあたりでは食べれる方のはないらしく、同じ防府市奈美のチチボーサなども川端にあるのをホウズキにするだけだという。

沖縄の首里や北中城村大城、西原村上原での呼び名はアンマーチーチー（お母さんのお乳）である。

イヌビワには名前がたくさんあって少々ややこしいが、それは同一地区でもそうであって、例えば隠岐西郷町有木《あらき》、海士《あま》村東ではヤマイチヂク、西郷町都万目《つばめ》ではカワイチヂク（これは松江市新庄町原でも同名）、また知夫《ちぶ》村《むら》来居《くりい》ではイチヂクで、来居では昔イチヂクの木はなかったといい、イチヂクにはトウガキの名で呼んだ。同じく知夫村仁夫《にぶ》ではタタキの名で〝女タタキ〟と〝男タタキ〟があるといい、布施村や西郷町元屋ではフツベタタキ、フツベは尻、「大きなフツベしてる」などという。西ノ島町赤江ではボウズコ、イチヂクより甘味が強いといい、ヤマナシ（五箇山山田）、カワナシ（西郷町都万目）などの名もある。イチヂクをトウガキと呼んだところではイヌビワをヤマトウガキと呼ぶ地もある（広島県大柿町柿浦、倉橋島、熊野町城之堀）。また枇杷に例えたところでは、カワビワ（愛媛県小田町立石）、タニビワ（徳島県神山町上角）、タネビワ（同町上角、寄井）などがある。

これにはイタブ系の名も多くある。

淡路島洲本市相川では、食べる方がホンイタビ、食べない方がイヌイタビ、葉はどちらも兎や山羊の好物だといい、これを話してくれた高田一郎さんは、「オン（男）とメン（女）があるんだろな」といっていた。同じ島南淡町上生や三原町黒谷では、イヌイタビは同じ、食べるのがただのイタブである。

高知県仁《に》淀村《よどむら》森でも食べる方はイタブで、食用にならない方はハナイタブ、実の先が花のように開いていという。長崎県大瀬戸町畑和で、イタブに二種あり、中に花の詰まっているのは食べられないというのもそれに当るのだろう。

甑島鹿島村では、食べる方がクイタビ、食べれない方がヘビタビ。同じく下瀬村瀬々野浦ではカレエタブにスエタブ、浜田ではたんにタブとスエ、スエは中を割ってみると空でホウズキにするだけ。木は同じで、葉は兎が好むと、他地方と同じことをいう。

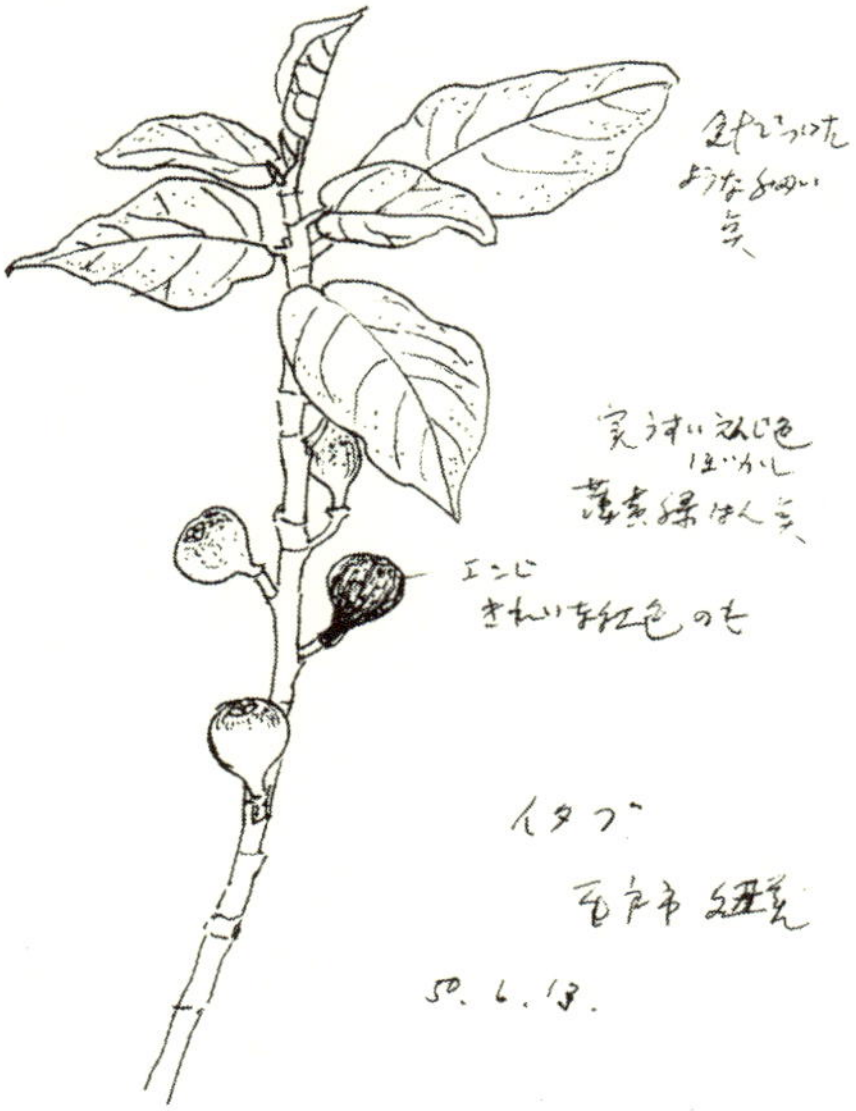

右のカレエタブ、クイタビと同じことをいうのらしい鹿児島の高山村大脇や、山川町大山ではクタッツの名、大根占町《おおねじめちょう》池田ではタツとインタツと二種をいう。
ホウズキにしたことはどの地でも聞くことだが、日南市飫肥《おび》や、下塚田では、タブの青いのを塩に漬け（一夜づけ）ホウズキにしたそうだ。
イヌビワの葉は兎や山羊の好物だったばかりでなく、人にも食べられたらしい。天草の松島町内野河内や河浦町平野で聞くと、タビの極く若芽を茹でて食べる。アクもなく、和え物《あえもの》などによい。ただし、タラやクサギの方が美味だったとも聞く。

壱岐の石田町君ヶ浦では、スッポンノキ、またの名ジュクシノキと呼ぶこの木で、正月一一日のモモテ（弓引き神事）に弓を作り、竹の矢二本を添えて各家に配る。スッポンの名は矢を放つ時の鳴り音からであろうか。

地ノ島白浜での呼び名はズクシ、九月一五日のオクンチ（村社の祭）にはこれで箸を作る。指ほどの太さ、六〇センチぐらいの丈、各戸に配り、家々では神棚に上げておく。

雪降り苺 ──フユイチゴ

昭和五〇年の旅ではずいぶんいろんな種類の苺にお目にかかり、またたくさん御馳走になったが、旅で一番最初に出合ったのがこの冬苺である。二月の一六日であった。

徳島の佐那河内村井開から神山町に抜けるのに、小さな峠道を越える。切り開いた田圃《たんぼ》の間を行って戻って、行って戻って頂上にかかり、上にはトンネルが一つあって、それを出ると向こうが神山町である。南の国といっても、今が一番寒い時だということで、頂上になるに従って、道には厚い霜が凍てついてなにやら嫌な予感がしたが、トンネルを抜けたら、向こう側は完全なる雪道であった。底の平な普通の靴で雪上を歩くのは下駄を履いて氷の上を歩くようで、なんとも忙《せわ》しなく、落ち着かない。

いい加減いやんなりながら里近くまで降りて来た頃、山際の雪の中に何か輝くものがあった。真っ白な固まりの中の兎の眼玉のような赤い玉であった。茎は長く地を這い、方々の節のところからはさらに根を伸ばして地にしがみつき、葡萄のような葉は痛んだり、端が茶色になっていたりもしたが、艶があって美しい緑色をし、赤い実は大方落ちているが、末には人より後れて熟れたらしい堅目の赤い実が三つ四つ、ついている。そう味はなかったが、味はこの場合、大して問題ではなかろう。雪の中でよく冷えた真赤な粒を口に入れただけで、今越した峠道など、もう一度往復してもいいくらい元気になった。

この辺りでは、これをカンイチゴという。佐那河内村でも神山町でも、正月のしめ縄にこの葉を飾るという。しめ縄の縄目をほどいて、そこにウラジロとワカバ（ユズリハ）と苺の葉と、鬼《おん》の目突き（ヒイラギ）を一緒にして挟み込む。神山町の上角では、苺の茎は風邪薬だともいう。

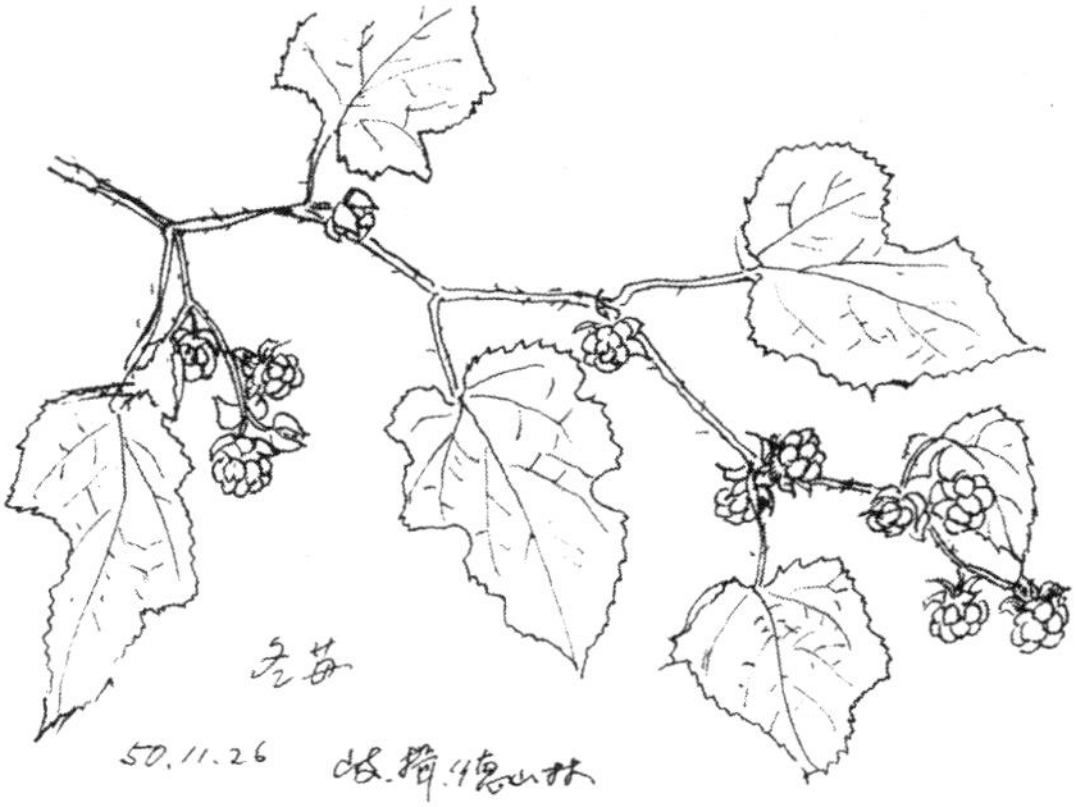

冬の寒い時に熟す苺だから、カンイチゴとかフユイチゴの名が多い。京都の京北町ではシモイチゴ、平戸の紐差《ひもさし》ではシモカブリ、愛媛の美川村や高知の吾北村でサブイチゴという。下甑島《こしきじま》にも雪が降ることもあるのらしい。フユイチゴは雪ん中からとって食べるといった。平戸の志々岐でゴゼンイチゴは一一月の手に息を吐きかける頃に食べると。五島の新魚目町《しんうおのめちょう》ではトキナシイチゴ、またの名、孝行苺という。

冬のさ中に苺を食べたいと言い出した親に、孝行な息子が山の中を捜し歩いてこの苺を見つけ、親に食べさしたという話があるのだという。島根の鹿足郡の辺りもトキシラズイチゴという。

徳島で雪の中に見たのは前年の残りの苺であったが、旅の終りにその年のはしりのものに逢った。滋賀の鈴鹿山脈の麓にあたる日野町の原という部落に向かう山道で、リンドウが咲き、ツルグミの花盛りの中に熟しはじめて艶やかに輝いている冬苺があった。それよりも前、一〇月の九日に京都丹波町の上野でも赤く色づいたのを見ているが、この時は色が赤いだけで、実は固く小さくて食べるには早かった。

一一月の一九日、木之本町から岐阜に抜ける。この辺りからである、冬苺のふんだんな饗応を受けることになったのは。殊に岐阜側に入って、徳山村が素晴しかった。山道にはたいていのところにこれがあり、土手から腕を広げて道の方に垂れ下がり、一様にちょうど食べ時期の来た、見事に揃った実をつけている。これを採るには動き廻る必要はない。ただ立ち止まって拾うだけでいい。茎にまばらに実をつけているのではなくて、まるで固まって、花かんざしのようになって一所に五つも六つも、それが、間近な節ごとについているのである。掌は直ぐに山盛りになる。それを口に傾けてサラサラッと入れてもいいし、かぶりついてもいい。この時はもう一一月の終りから一二月の初め、霜は何度も降り、雪さえごく近くまで来ていた頃である。霜に打たれた後の実のおいしさは特別である。一つ一つ選び抜かれたような厳しさを身の内に秘めて、それでいておだやかな甘さと味で、幾ら食べても、少しも飽きもせず、新鮮で美しくて、嬉しい。何杯も何杯もお代りした。

苺で一番おいしいと思ったのは、五島で食べた、多分コジキイチゴであろうか。草苺を木にしたような、葉の黄色みを帯びた苺である。大きな実で、上を向いてなっているが、重くて途中にくびれが出来たり、横っちょに広がったりしてる。海を見下ろす山道で、甘い甘いこの苺を食べてため息をついた。冬苺の場合は、冬枯れの中に輝くロウソクの最後の光のような美しさが加わろうか、とに角、一番多く食べたのは冬苺である。

徳山村では冬苺を、塚部落がユキフリイチゴ、門入で岩に多いからイワイチゴ、戸入ではトリイチゴ、それから隣りの根尾村や美山町ではヤマドリイチゴという。

雪が降るようになると、山鳥が里近くの山際や土手に来てよくこの苺をついばんでいるそうである。

ふど ——ホド

ホドがたいへんうまい芋だったことは誰もがいう。泣く子もホドに慰められた。

おろえのメンコが寝たならば
芋コとホドコと掘って来て
煮たり焼いたり食わせべいか
（『岩手県史十一』）

山芋のようにつるになっており、ただし芋は一つばかりでなく、それも方々に散らばっている。岩手県玉山村城内で竹沢岩太郎さんから説明してもらった。

「ホドは、四方に芋が広がっている。指先ほどの小さいのから大きいのまで、最後に大きいのがある。地下一尺（三〇・三センチ）ほどのところにあって掘るのが容易でない。棒を鉈でつくしにといで、そのつくしでもって掘る。子どもの時、馬見しながらそんなことをする。山芋と違っていつでも掘っていい。味は変らない。他の芋類ではいちばんうまい」

同じ部落で竹沢みよさんも「ホンドッコはんまいもんだ」といい、ホドの生える場所は決まっている。それで村にはホド坂という地名もあると教えた。

当地ではまた五月節句にホドを食べるのである。

「五月節句にはイモ、ホド食うもんだ。食わねば蛆になるていう」

岩手町相寅瀬でイモはどんなものをと問うたら畑に作る長芋で、切って汁に煮るといっていた。

次は兵庫県千種町岩野辺の一人のおばあさんの談、

「ホドは大きいのではジャガイモの大きいのの倍位のもある。松林に出るのが松ホド、杉林のが杉ホド、鉄の棒で地面をつきさして芋をさぐる。かずらがあっても芋のなり場所は散っててわからない。いろりの熱灰で焼いて子どもも大人も食べた。うまい」

岐阜県根尾村下大須の上杉由松さんも、

「つるは小豆の葉のよう、昔はよけいあって折角でも掘りに歩いたもんだぞ、これほどおいしい芋ない」

ただしここでの名前はマグソである。

徳山村櫨原の人たちはフドと呼んで、「親孝行な者掘るといっぱい出るて」などといっていた。

和歌山の清水町上湯川のあたりもフドで、前田さんがいっていた、

「今つわる時だけ、茎枯れて新しく出るまでの間に掘る。お粥さんに入れたりして食べる。うまい」

笹ばっくり――サイハイラン

サイハイランといっても多くの人には馴染のないものだろう。私じしんも、田舎の姉に送ってもらってはじめて目にした。笹の葉っぱほどの長く大きな葉が一枚だけくっついているという風変りな姿で、蘭といわれればそのような気もする。葉っぱには縦に七、八本も脈が走り、どちらかというと葉蘭に似ていなくもない。もう一つ変っているのは根にまん丸い玉が二つも三つも連なっていることで、これが思いがけなく団子ほどに大きい。

根の玉を子どもたちは食べた。甘くも何ともない、ただ無闇に質が緻密で、歯で押し入ってかむが如き、したがって矢鱈歯にくっつくものである。

山形の朝日町杉山でのようにササバックリは生でかじったというところもあるが、岩手の沢内村や、福島の古殿町小河内ではハックリは焼いて食べた。三重県宮川村久豆でササボクロも焼いて、島根県柿木村、津和野町のササホウクリ、広島県口和町中祖でササバエコリも焼いて食べている。

島根の六日市町畑詰の上田サメさん（明治二九年生れ）によると、

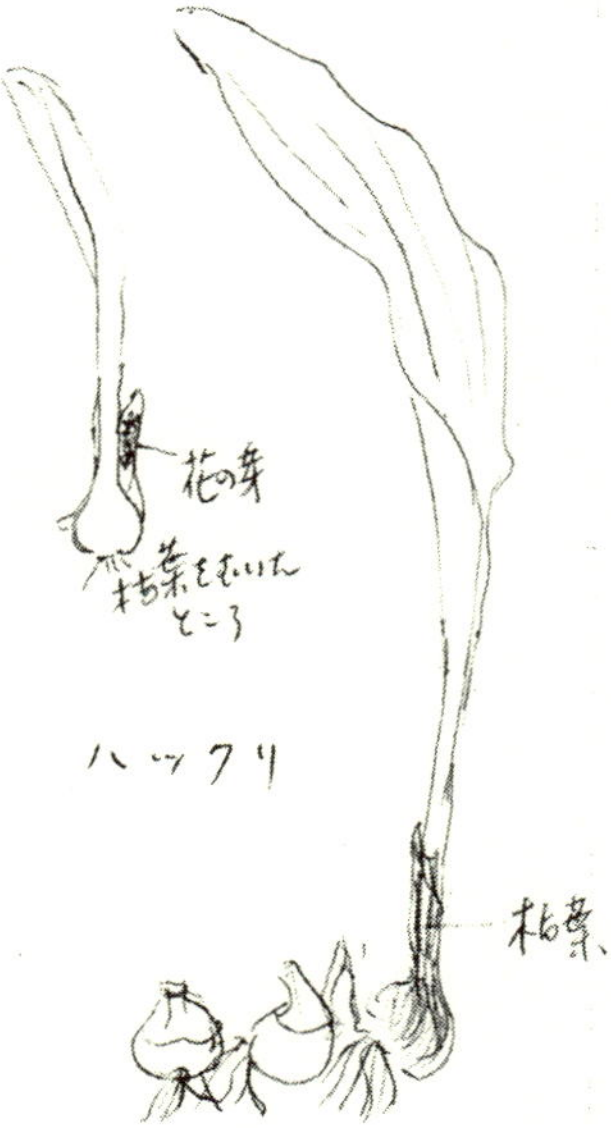

今年ゃ豊年どし、
去年ハコリをくうたが味を忘れた

というような唄があったという。

同じ町で明治二六年生れの山本さんは唄は知らないが、ハコリモチという名だけは聞いたといった。

隠岐西郷町都万目《つばめ》で名前はフェァクリ、焼いて食べ、餅みたいだという。ただし、「食べると歯弱る」といってあまり食べなかった。岡山の勝田町東谷下でのホウクリ、大原町金谷でのホウクロ、富村や奥津町でのハエコリも焼いて食べモチモチするといい、愛媛の美川町御三度でのハクリは、冒頭の山形のように生で食べ、「ネパネパする」といった。

しかし、この玉の面目躍如たるは、アカギレの手当においてである。昔はヒビ、アカギレを切らしている人が多かった。食料事情の悪かったせいもあろうし、荒い空気、寒風にさらされ、土まみれ、埃まみれになって荒れた肌は風呂に入って汚れを押し出す機会もないために、ささくれ立ち、使い古したゴムのように弾力を失い、表面のヒビはずんずん裂け目を広げて、遂には赤みの肉がのぞくことになる。

こうなると、日中はそうでなくとも夜暖まってからの疼きが堪えがたく、何かで口をふさがなくては眠られない。

秋田の皆瀬村菅生で佐藤惣十郎さんの話す使用法である。

「ハックリは秋とって火棚さ上げて干す。玉を糸で貫いて連ねて置くこともある。こちんこちんに堅くなったら、鮫の皮を、丸木を二つ割りにしたものなどに釘で張ったものですりおろす。これは堅いので容易でない。それをつづら貝っコ《け》（シジミ貝）か、茶碗の底の台に入れ、水か湯を少し垂らして細木でよく練ると大変に粘りの強いものになる。それを傷口にすりこみ、上にき紙《がみ》（和紙）を細く裂いたものをのせ、針で隅々までずだっと貼る。少しでもすき間があると夜になってから病《や》め、どんな寒い時でも起きて貼り直さないといけない。はがす時は舐めればよい。膏薬もあったが、ハックリがいちばんよかった。貼ると直ぐに痛みがとまる」

鋭い鮫の皮も見せてもらった。一〇センチに一五センチほど、刺のようないぼいぼは陶器の強固さ、卸し金に増さる。当地ではハックリだけは、みなこの皮を使う。これをもってしても一度にすり置くことなど適わないので、その都度必要なだけを用意した。

これがどれほど強い粘りを生じたか、これを練ったものを「山んばの咲だ」といった。

岩手側に入って湯田町下前で逢った、隣沢内村猿橋生れのおばあさんのやり方は、先に煮るものだった。

「ハックリ、煮てつぶし、よく練ってこっぱ（木端）さ貼りつけ、火棚さ吊るしておく。使う時には舐めてしめして削り、削ったものは口の中さ入れて、口でねばらがして、傷口さかしえる（食わせる）」

この人ばかりでなく、かしぇる（食わせる）のいい方を聞く。「口が余計大きくなったらハックリかしぇでおいた」と。南にもいうことで、大分の緒方町上畑で羽田野ソノさんも、一枚葉のハクリの玉を包丁で削って傷に「くわせおった」と話し、ハクリでなければ御飯粒練ったのでもよい「何でもくわせればいいんじゃ」と繰り返した。

県北部の葛巻町星野で聞いたやり方は、ハンクリの皮をむき、煮て潰し、団子のようにしたのを柴にさしたり、巻きつけたりし、それをベンケイにさして置く。使う時には湯に入れてもどし、削ってひびやあかぎれに食わせる。

岡山県勝田町東谷下で聞くと、ホウクリは生でアカギレに使ったという。広島の口和町中祖でもササバエコリは生でも使ったし、また焼いても用いた。雪の来るまで掘っておくという。

西の方ではしかし、同じさまにアカギレの手当てはするものの、サイハイランよりは春蘭の方を多く使うのである。右の口和町でも、ハエコリ（シュンラン）の方が粘りが強いといったものだったし、島根の柿木村でもササボウクリ、ホウクリ（シュンラン）ともに使っているが、ホウクリの方粘り強くていいという。両者ともに包丁でこさいで、つづ（唾）で練って貼り、うまく貼ったら身になるといったなどと聞かす。三重県宮川村久豆でササボクロは焼いて食べたが、アカギレに用いたのはホクロ（シュンラン）の方、京都の宇治田原町茶屋で上辻九一郎さんはサイハイランをヒトツバと呼んで、アカギレに使いはするものの、ホクロ（シュンラン）のように多くないといった。

岐阜の藤橋村鶴見で宮川松枝さんがいうのはアカギレに使うのはササユリ（サイハイラン）で、春蘭は使わない。愛媛の砥部町宮内でもホックリ（サイハイラン）を使い、焼いてつぶしてアカギレにくわし、紙を貼っておくといった。

山蕎麦《そば》――シャシャンボ

淡路島の津名町王子部落の井口さんという お宅で、初めてシャシャンボを食べさせてもらった。裏山の入口に植えておられて、あまりこちらが解せない様子をしているので、見せるのが一番と思われたのらしい。この木は北にはないものだし、初めて聞くものだったからチンプンカンプンな質問ばかりしたであろう。

葉はナンテンの葉を一周り大きくして、緑の厚みのある、それから艶のあるようにした葉で、二月でも青々としていたから常緑樹である。実はナツハゼよりもずっと小さくて三分の二くらい、やや横に広いくらいのまん丸で、色はほとんど真っ黒、その上に葡萄の肌のように白い粉が少し浮いている。食べたら甘くて、酸味もちょっとあって、ナツハゼよりは全体きりっとしまった感じだった。木の感じはすっかり違うのに、ナツハゼやウスノキと同様ツツジ科なのだという。他の二つと同じに細かい種は少しも苦にならないから、そのまま食べる。

これの名前シャシャンボは、実が小さいから「小小ん坊」なのだという。そうかも知れない。淡路島や四国ではこれも殊のほか小粒の秋グミをシャシャビ、シャシャブ、シャセブ、サセブなどと呼んだし、大分の東から宮崎の東半分ほどで、ミソッチュとかミソッチョ、ミソスネ、ミソシメ、薩摩半島でミソッテ、ミソッチという。鳥の仲間でいちばん小柄なミソサザイの名を借用したのも、そのせいなのだろう。

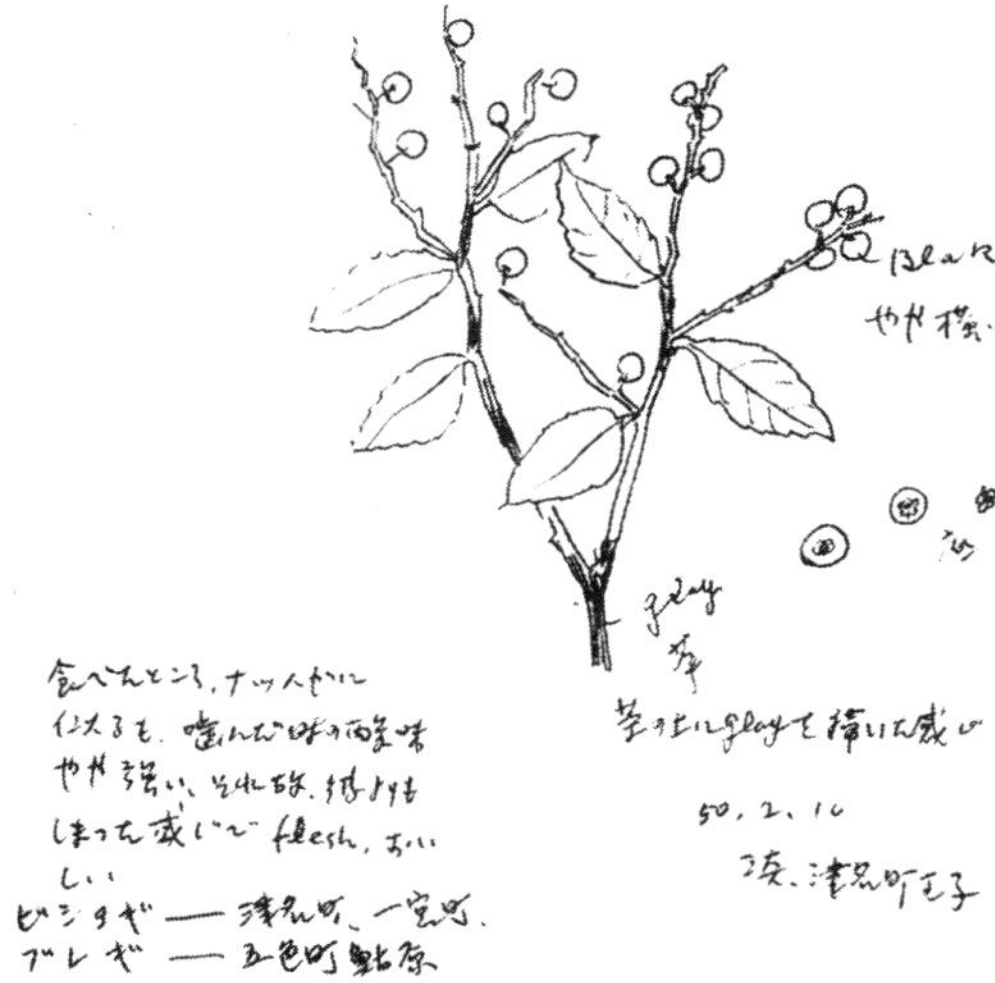

ただ、ソバという名前は解らない。兵庫県で初めてソバと聞いた時には、また別の木が現れたか、それとも相手が間違えているのかと思った。この実の、いや、木でもいいが、どこに角ばった稜《そば》の名に価するところがあるだろうか。しかし図鑑で見たら、若葉が紅色を帯びるのが特徴だとあった。だとすると、ソバは形ではなくて蕎麦の茎の赤色を枝に見たのである。姫路の辺りから京都の瑞穂町の方へ出、宇治を通って琵琶湖の東までソバとかソバノミ、兵庫県の春日町ではサルソバ、東広島市でだとヤマソバという。

淡路島のブレギ、グレミ、それから徳島県宍喰町のグレ、これらの名ならたいてい解る。この実の黒々した色を言ったのだ。どこでも聞くことで、これを食べて口の周りを真っ黒にしたという。

最初私は、この葉を説明するのにナンテンの葉などと気の利かない例を出した。この木は各地で仏様に供えるヒサカキに一番よく似ているのである。ヒサカキは神様用のサカキよりも一段と葉が細く、枝には柄のない、横に少し平たい実がそれこそひしめいてびっしりついて、子どもたちがインクにして遊ぶ。秋に黒い実を食べるといえば、うっかりしてナツハゼとも混同してしまうかもしれないが、どこでもヒサカキを引き合いに出してくれるので助かる。

そのヒサカキの呼び名も各地で異なり、兵庫県の久米町でだとフクマメ（シャシャンボ）はシャシャキ（ヒサカキ）と似ているといい、シャシャキの実には酢を入れてインキ代用にした。兵庫県の春日町ではサルソバはヘンダレ（ヒサカキ）に似る、ヘンダレは長い葉でサルソバは丸い。京都の瑞穂町だとインノクソシバ（ヒサカキ）に似る。平戸市紐差でだと、食べるのがクイシャセビでヒサカキはイン（犬）シャセビ、やっぱりインクにして遊ぶ。山口ではイシャコ、滋賀や、そこに継る三重では、ビシャコに似るという。

猿笛《さるふー》——イスノキ

淡路島の内陸部、津名町大町小学校の箱木校長さんにもらった笛は、掌の三分の一ほどの大きさ、カタクリの葉か、桐の花をつまんでふくらましたようなポックリふくらんだ心臓形であった。付き口は細くなって跡が残り、尻の方はふくらんだところから急に丸くなって、少し内側にへっこみ加減になり、そして最後はぴょこんと小さなとんがりを作っている。表面は焦茶、枯れた杉葉の色をしており、短く刈り込んだ毛皮を着ている。スエードのような手触りとは違って、木綿でラシャを真似て作った、机のガラスの下に敷く布や、小学生の習字の下敷きにする緑の布などがあるが、あれをいっそう短く刈ったようなものである。藤豆のサヤとも、ヌルデの枝につくフシの表とも、それから蛾の羽とも似たものである。

サカキのような木になるという。このあたりの小学生の遠足にきっと行く先山の千光寺の境内に、この笛のなる木がある。箱木先生は、先頃おじゅっさんに語って竿でもいで来た。おじゅっさんはこれを「しょうの笛」と呼んだという。

高知の東西ちょうど真ん中辺、吾北村《ごほくそん》の新別を朝のうちに通った。部落の中ほどのがらんとした大きな倉庫の土間にむしろを敷き、藁仕事をしている二人がいた。二月の寒い日である。物を尋ねようとするたび歯がガチガチした。二人は、縄を左綯りによっている。一人は太い縄を、一方の人はわらじを編んでいた。縄の方の五〇代の人は出来た縄を一尋《ひろ》二尋とはかり、その上にさらにもう一本をからめて二度ないをしている。ずいぶんしっかりした縄になった。それをぐいぐい引っ張ってみて、「これで切れまいの」と相手に返事をうながしている。葬式があって、棺を担ぐ縄を編んでいるのだった。前に一度、途中で縄が切れたことがあったそうだ。

縄の人、「それはサルべだ」と笛をみていう。サカキと似た木になり、一〇月から先になって取る。皮をむくと一か所あこうなって色の違っているところがあるので、そこを釘などで叩いて穴を開け、さらに付き口のところを石の上とかやすりですって穴を穿ち、その穴を指で調節して鳴らす。ヒョーヒョーと鳴る。中には虫の巣のようなほこるものがあり、これは振って出してしまう。取りだちでないと出てこなくなる。山にある木には大きいのがなって五センチに一〇センチ丈ぐらいのもある。この木は滅多にない。知っていても人には黙っていて、学校を出る時は、気の合う下の子などに譲る。

大人なら、黄金でも出てこないことには幸せにならないけれど、笛をならせる木を持つ子どもは、長者の心であったろう。淡路でもこの木は珍しいものであった、四国にもそう多くはないのであろう。私が笛の話を聞いたのも、この人ばかりだったように思う。

ところが九州になったら、誰も知っていた。男も女もおばあさんも知っている。大分の三重町では、サルヒューだといった。近くの緒方町や宇目町だとサルフー、木はサルフーノキ、サカキにワジャカキと葉の太いオジャカキがあるが、そのオジャカキにそっくりな木だという。清川村や、宮崎に入るとサルブエになる。猿の笛とは、山にある笛だからあちらの住人に敬意を表したろう。茶色の毛をかぶっているから、そうもいったろう。

もっと南に下って、串間市ではサルノフエ、大隅ではサンノフエ、薩摩半島の南ではサンノヒヨにサルノヒヨヒヨ、それからあとは少しずつ崩れて、サイボ（川内市）、サブロ（阿久根市）、サラボ（長島）、サルビョウ（牛深市）などとなる。

これは、イスノキにつく虫瘤なのである。このまま放っておくと、笛の表面にきれいなまん丸い穴を開けて中の虫は出ていき、九州ではそうなったのをもいで、そのまま笛にする。宮崎の北部ではイスボッポともユスボッポとも呼ぶ。南部のホッホ、また大隅高山町のポッポもその音からであろう。この音なら、梟の声にもそっくりである。大分の宇目町桑ノ原ではフクロウブエという。薩摩半島南端の頴娃《えいちょう》町ではクォックォッ、これもクォックォッドリ（梟）のことである。串間市でコズノフエ、またデシコーと呼ぶのもまた同じで、このあたりの梟はこんな風に鳴く。

デースコ　コウズ

コズーコズーコズー

泣いてむずかる子は、おどされる。「ほらコズどんぢゃ」

甑島《こしきじま》と五島の名前もあげておこう。コッコ、イセノボック（下甑島《こしきじま》手打）、オキノコップ、フータンコブロ（下甑島瀬々野浦）、ヨヒトコッポ（五島三井楽町）、ユヒノポッポ（上五島町青方）。

日南市の飫肥《おび》から志布志街道に添って、上塚田に入った時は疲れていた。貯えた体力を費やす時は吝嗇《りんしょく》で長びかせて、簡単に使い果すことはしない。しかし、ひとたびゼロになってしまったら、あとはただ流れ出すだけである。しかもとどめる者もないままに、水彩絵具みたいに流れて行く。

山を抜けて一番最初に現れた河野さんの家は、部落から外れて道の左手の田圃と畑の間に一軒だけある。物置に吊るしたトウモロコシや垣の間の玄関に明るい夕陽が当っているのを見たら、もう一歩も動くのがいやになった。こんな陽の高いうちに宿を乞う者には、断っても無情ではない。しかし仕事着のままむしろの上の干し物など片付けておられた河野さんは、一応はそんな風にいわれたけれど泊めて下さった。六〇代であろうか、夕方人足仕事から帰られた御主人と娘さんも、暖かくもてなしてくれた。

うちにはよく人が泊まられるのです、とおばさんはいう。一〇年も前から毎年泊まっていくおじいさんもいる（薬などを売る人だったろうか、私はよく聞かなかった）。この人は今年も来て泊まっていった。だが、そのあと町に出て、町の宿屋で亡くなってしまった。定まった家もないような人だった。持ち物に、こちらの住所が書いてあったのだろう駐在さんが尋ねて来てそれでわかった。

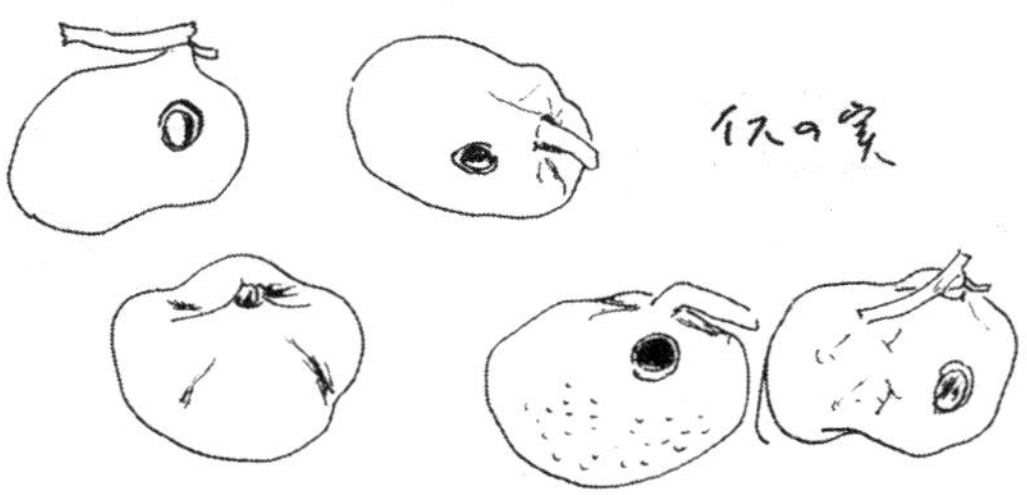

「うちで死ねばよかったのに」

と河野さんはいう。私は、うちで死なないでよかったといったのを聞き違えたのかと思った。けれども河野さんは、沈んだ、調子を落した声で続けていった。

「誰も知らんとこで死んで……」

朝、家の左手にある垣は全部イスノキで、全部サルブエがなっていた。それもたくさんたくさん、梨のようにである。ただその時はもう春であったから何度も雨に合い、陽にさらされ、天日に当てた家具のように、もろく乾いて大きく割れ、めくれ上がり、ひびが入り、木々を巡って完全なのを得たのはたった一つであった。その一つも少し惜しかったけれど、訳あって里に戻られているという娘さんの静かな坊やにやってしまった。彼はずんずん吹き方が上手になって、盛んに鳴らす。出立ぎわにわずかな礼もとってくれないので、子どもの手に百円玉二枚握らせようとしたら、それも堅く辞退され、とうとう最後にそれでは一枚だけくれてやってくれといった。

河野さんの家は、川をへだてて道の向こう側にあるのであり、小さな川には丸太が渡してあって、真ん中には板も二枚ほど敷いてある。この橋を渡った時、また後《うしろ》でサルブエが鳴った。

＊

奄美大島の名音で世話になった宮崎さんは、イスノキは屋内にあっては柱にしたり、けたに使うとのことであったが、下甑島瀬々野浦では、ニスを塗ったように赤い床柱を見た。

正月にはソーリといって正月用焚物を用意する。割って畑になど積んでおき、正月後も運んで来て燃すのだが、親のところにはイスノキなどの強《ちゅ》ーさん木の大木を贈るといっていた。

そういえば屋久島楠川の川崎さんもキンドウバシラ（木戸柱）は何の木でもいいが、家ではイスのジン（芯）を使っている。人からもらった、何十年して外側がくさったものやらといっていた。

鹿児島県阿久根市脇本や折口や、野田町などでの呼び名はカベキで大抵の家でカベ（垣）に植えているからである。

イスの葉も椿の葉などと共通に、くるくる巻いて笛にした。鹿児島の田代町では、その笛を吹くに

セップセップ　ならんと
鼻も何も　つまん切って
うっ捨《す》っぞ

と唄う。イスの葉の笛をセップセップと名付けるのだ。

鹿児島の根占町川北や、甑島手打では、まだ青い虫えいの玉を一つずつ持ってつぶしくらごをした。

藤豆――フジ

藤の莢《さや》インゲンのお化けのような三〇センチもある莢は、ミルクをたんと入れたコーヒーブラウンで、それに短い毛を着込んでいるからスウェードのようである。山を歩いていて足許にこれが落ちてたら、迷わずに拾って後から来る友の頭をコンコン叩いた。あの時の音はカンカンだったか、ペカンペカンだったか。

あの刀のような豆を握るといつもこのようになることになっており、私だけのことではない、誰でもよくやったという、「よう叩き合いっこばしもうした」。

私のところでは、この実を食べると頭が悪くなるといった。本当だろうか。冬、火鉢の炭の上に焙烙《ほうろく》を持ち出して食べてみたことがあった。炒れるとマーブル模様のある真ん中の皮がちょっとひびが入って、それを割ると中は米の団子のように真っ白、菱の実と似たような味だった。三つ四つ食べて大分悪くなったかと心配だったが、自分の名前も覚えていたし、九九のいつも間違う箇所ではちゃんと間違うことが出来たし、安心してそれからまた四つ五つ食べた。

佐渡では、藤の実を食べたらつんぼになるという。滋賀の多賀町の辺りでは「ゴロ（おし）になる」、岡山県川上村でフジマメを余計食うたら「血吐く」とも、また「コッパンが出る」とも、コッパンとはジンマシンのような湿疹のことだそうだ。兵庫県の千種町や隣りの一宮町では「生焼けのものを食べると黒血吐く」という。

いずれも恐ろしいことをいうものだが、これも例の親たちの脅し文句ではないのか。

藤は高いところにばかり身を延ばす。豆は見つけても、振り仰ぐ上空の木の梢から梢に辛うじて姿を認めるぐらいである。

また沢の上流、姿も見えないところにある。奥多摩の豊吉さんが話していたことだった。小河内ダムが出来る前の岫沢《くきざわ》に「やまなしの滝」といって、昔から天狗《ごう》が住み、砂をまく伝えがあった。少年の豊吉さんは、たまたま夜道をかけることになり、やまなしの滝にいたったら、本当にパチッパラパラとツブテが飛んで来た。足許に落ちたのを拾って帰ったらこれが藤の実だった。お爺さんに天狗の正体を話しても「あにいうだ、あそこには天狗様がいらっしゃるのだ」といって本気にしなかったそうだ。こんな風に、足場の危ないところに藤はあるのである。子どもに警戒を与えたのであろう。

髄《ず》ぬき柴——キブシ

早春まだ寝ぼけたような浅木林の中に、キブシのみは、房のようにつぼみの連なる穂を垂らし伸ばす。黄色い小花である。ズイノキ、ズイヌキ、ズッキ、ズヌキシバ、ヌキヌキと各地に呼ばれて、子どもの髄抜き遊びに供されるものである。

これの新枝は真直ぐに伸びて、一メートルぐらいならどちらが末かわからない。しかし末から突かないとうまく出ないそうで、萩の木やら、細い棒を当てて、その棒を地面に突っつきながら、中の燈芯のような髄を出す。

ツキツキ、ツイツイ、ツーツー、ツキダシ、ツキなどの名前も出来ているゆえんで、「こう突いて」とか「突き出いて」などいう。こんなうたもうたう。

ツキツキぼうず　臍ついた
こうやの婆さんの　臍ついた

（岡山県西粟倉村長尾）

取り出した芯は短くしたのを縦に唇にくわえて、「ツッポ、ツッポ」吸ったり、出したりするのから、指でつまんでたわめ飛ばして遊んだり、またゼンマイ状にぐるぐる巻きにし、棒にさしたり、はさんだり、

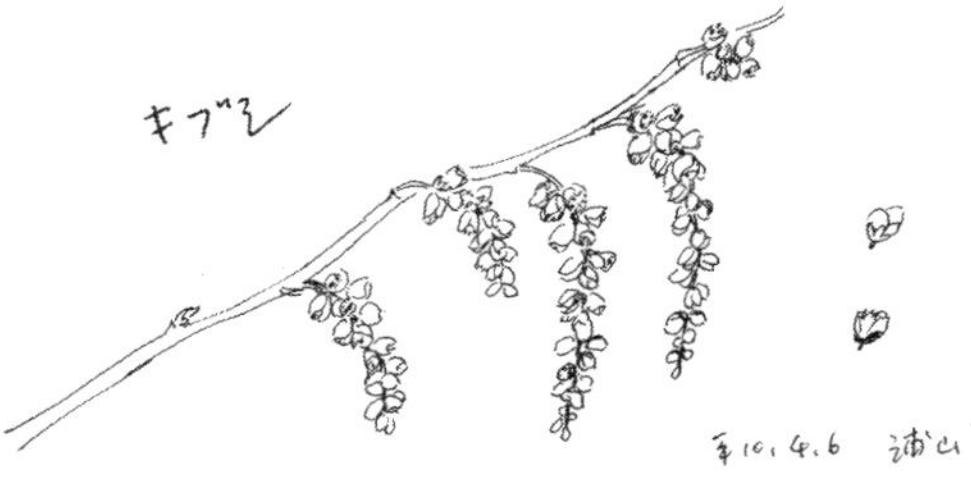

それに火ばしで模様をつけたり、色をつけたり、誰のが大きいか競争したりする。岡山の西粟倉村やそれに接する兵庫県千種町などでは、割竹にはさんだそれを染料で色づけしたりして、三月節句の供えものにした。この時期に花をつけているのは、スマル（アブラチャン？）だけだという。「ツキツキの木を取りィこー」といって川端にとりに行った。

キブシにはトウシン（千葉市和泉）、トウシミギ（愛媛県山田町立石）の名もあるが、じっさい燈芯として実用にもした。「カンテラの芯にいいもんだ」（福井市勝原）などという。

芯を抜いた後の筒は、竹のように真っ直ぐだから鉄砲になったり、吹き矢の筒になったりする。天草河浦町益田のキブシの名前はフキヤノキである。竹を細く削ったのに紙を巻いた矢を入れて吹矢にする。筒は長いほど遠くに行くという。同じ町崎津ではフキアゲシバ、ジミ（芯）を抜いた後の筒にヘゴ

（コヘゴなどのシダ）を小さく切って矢にして入れ、ただ吹き飛ばす遊びもする。

突きでっぽうの場合、抜いた芯がそのまま玉にもなるのである。五島の富江町では、ジーノキ（キブシ）のジーを玉にするのでジーデッポウと呼ぶ。

五島の子どもたちは、そのジー鉄砲を大っぴらにうてる意気上がる折があった。新魚目町《しんうおのめまち》浦や丸尾では一二月一日に秋祭りがあり、獅子こま（獅子舞）が出る、その獅子の頭めがけて子ども一同パチパチうつのだという。ジーキ（キブシ）は、親たちが祭りの前に取って来てくれたりし、子どもは抜いたジー（芯）に息を吐きかけて輪にたぐって乾して使う。乾かないと音がよくないそうだ。上五島町の青方では、鉄砲の玉（ズーノと呼ぶ）で「宮の中がしらけた」ほどだと聞かす。「しーしが出た」「しーしが出た」と叫んではうつ。新魚目町似首の湯川久衛さんによれば、ジデッポウの材料は一〇日も一週間も前から取って乾しておき、芯の短いのは、竹ヒゴで継いで輪に連らね、腰に下げて、獅子こまに向かった。獅子こまには難儀な一時だったろう。

伊豆半島の井田では、ズイノキ（キブシ）を割って家族の分、またおせち箸にする。正月箸を作るのは鳥取の江府町宮市も同じだ。千葉県勝浦市浜行川では、初午《はつうま》の箸にした。髄を抜いた後の茎では、子どもがパイプにして遊ぶ。

福井県三方町常神では、アナデッポの名で、抜いた芯では渦巻きを作ったりして遊び、死人の膳の箸に、これと竹と片方ずつあてた。

麦わら細工

ガラガラ

このガラガラは、私のいちばん最初の採集行に教えられたものだった。各地に残る古い子ども遊びを集めてみようと、この仕事に入ったのは昭和四六年だったが、その前年にも、ほんの短い周辺の旅をしている。東京で働いていたから、二日か三日続けてとれた休日を利用して、埼玉の秩父界隈と奥多摩方面を歩いたのだった。

その第一回が秩父郡の北部で、秩父鉄道皆野の駅でおりて、西に、なるべく奥まったところをと上に歩いて行った。しかし、日野沢の細い渓谷に沿うこのあたりはあまりに辺鄙で、家もごく疎、それらの家も、過疎化に見舞われたか空家などばかりが多く、それにこちらの尻込みする気持もあって、一人の話し手も得ないまま、いちばん奥の奈良田まで行ってしまった。

そしてここでもまだ強引に話を聞く度胸がなく、代わりに家前で遊んでいた小学生の女の子三人に現代の遊び方を聞いたりした。そのうち、この子らの母親が、野良から帰って来た。夕方近くになっていたのである。ちょうど私たちの遊びの話は、自然の物を使っての玩具にいたっていたのだが、手拭かぶりをしてモンペのお母さんは、こちらの意向を知るや、小屋に行って麦わらを一掴みして来て、

「子どもん時はよくこんなのこしゃったもんだっけよ」

といってこしらえてくれた。手近の柴の棒切れを長短二本を十字に組み、それに麦わらを柱ごとに一回からめながらぐるぐる巻きつけていく。麦わらが短くなったら、末の細いところに元の太い部分というようにはめ込んでいくのだ。

あっという間に出来上がった。ものの三分ともかからなかったろう。そして出来たもののなんという美しさ見事さ。麦わらの微妙な色の変化が段に重なって織り出され、線組みで現れた模様の面白さ。それに編み上がる寸前、この人は足許の小石を二つ三つ中に封じこめた。それだから振るとカラカラとひなびた音を立てる。この名称のガラガラのゆえんである。子どもが作って遊ぶだけでなく、親たちが幼児の玩具に作り与えるものでもあったという。

武内さんというこの人は、他にまたツバクロもあったといって、それも作って持たせてくれた。こちらの方は、ガラガラよりも作りが複雑なよう、それに幾手間か余分にかかりそうなのは、別々に編んだ羽根と身を糸でしばりつけたりしなければならないからだ。私は相憎これの編み方は見ていなかった。

それで翌日まわった、ここの隣の吉田町で、ツバクロの話が出た時、ねだって編み方を教えてもらった。

出来上がった形はまったく一つであった。また、ここ秩父の浦山に住むようになって一軒だけあった隣家のおばあさんにも同じものを聞いている。秩父郡の一帯はどこでも似たように、山が深く、傾斜がきつく、ほとんど米はとれず、麦が常食であった。麦わらとの常日頃からの付き合いが深かったのだろう。

ガラガラは、みる人をみなひきつけずにいなかったのに違いなく、全国で作られていた。やはり小石や、中には小豆を入れたりするので、音からの名が多く、ガラガラは、栃木、千葉、佐渡、静岡、三重、福井、九州平戸などでいう。五島の奈留町大串、群馬の下仁田ではガランガラン、栃木の田沼町船越ではガチャガチャ、静岡の本川根町ではジャランコであった。

壱岐の郷浦町沼津では、タコノマクラといった。海にこれと似た形の「章魚《タコ》の枕」と呼ぶものがあるのだそうである。

ツバクロの方は、その後、群馬の妙義や白沢村でも出合った。また三重県鈴鹿市の中箕田町でも実物は見なかったが、頭を籠のように編み、翼を縫いつけるといったから同じ形だろう。名前をいずれもツバメといった。

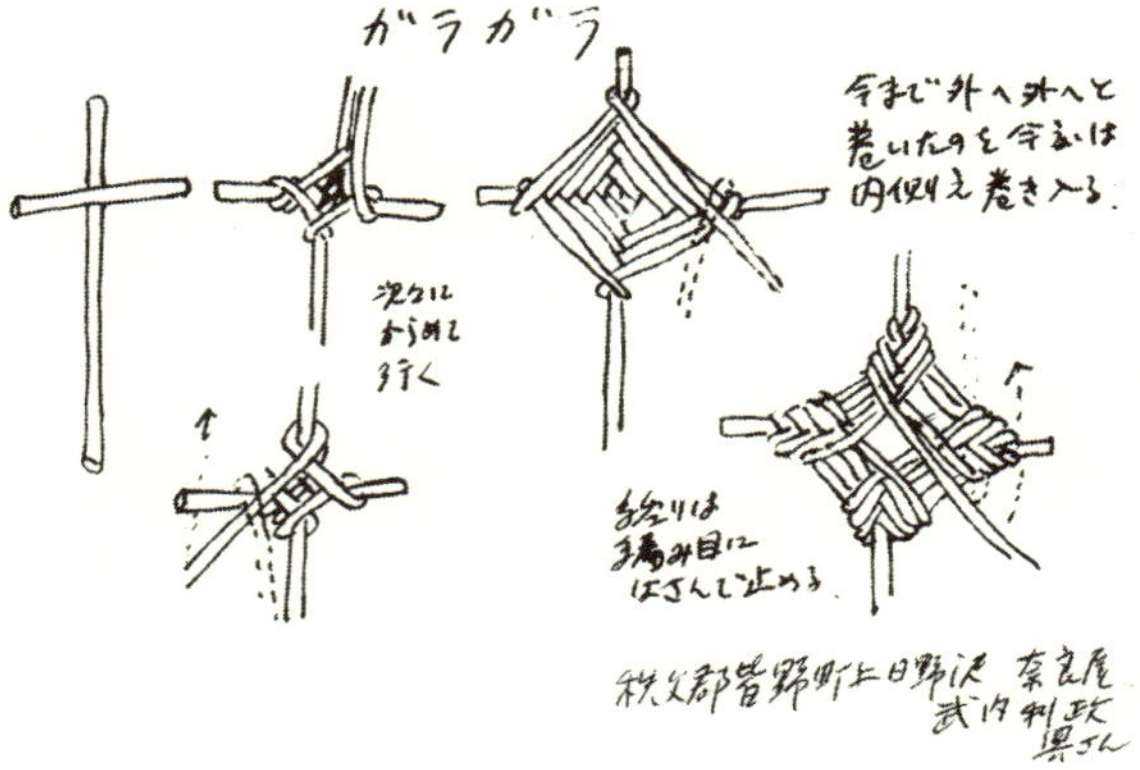

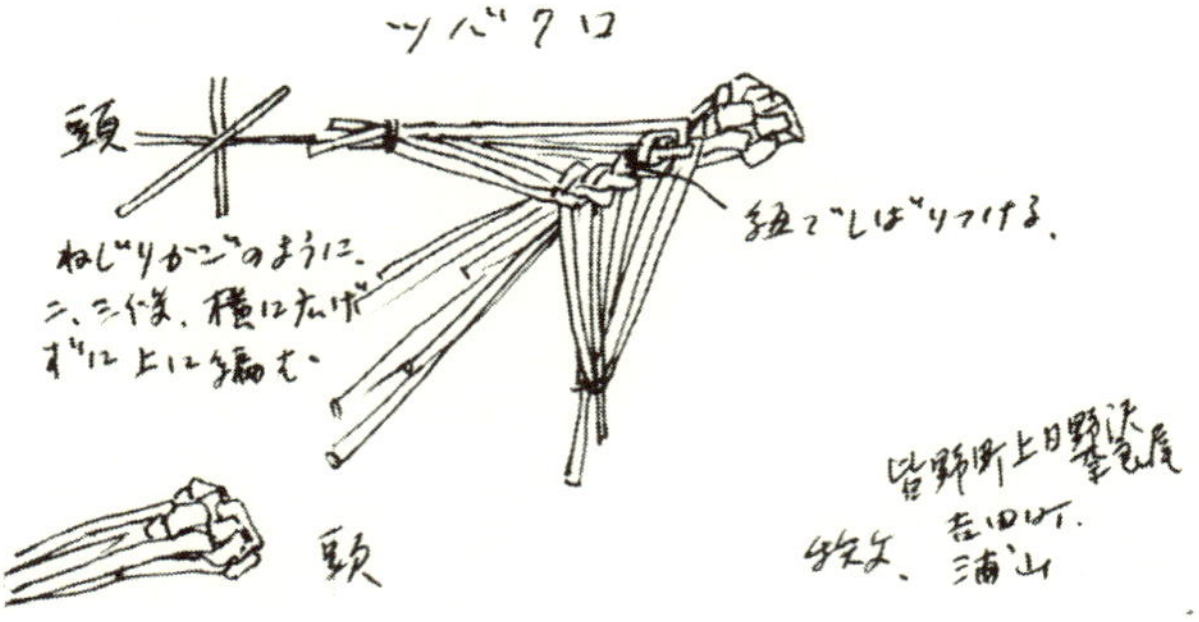

風車

五島に行く前に通った牛深市吉田でも、いい一家に宿をもらった。まだ昼も前だったのに、河村てるよさんという婦人のいい人なるを見抜いて、泊めてもらえないですかといってみると、いともあっさりいいよとうけあってくれた。

こちらははいていたジーパンまで一式洗濯をすませて散歩に出、おじいさん三人やすらっているところに出合って、この風車の作り方を習った。

麦わらをつぶして一本を二枚に割る。ただつぶしただけではきれいに裂けないので、舐めてしめりを与え、よくよくしごいて二枚にはがすのである。

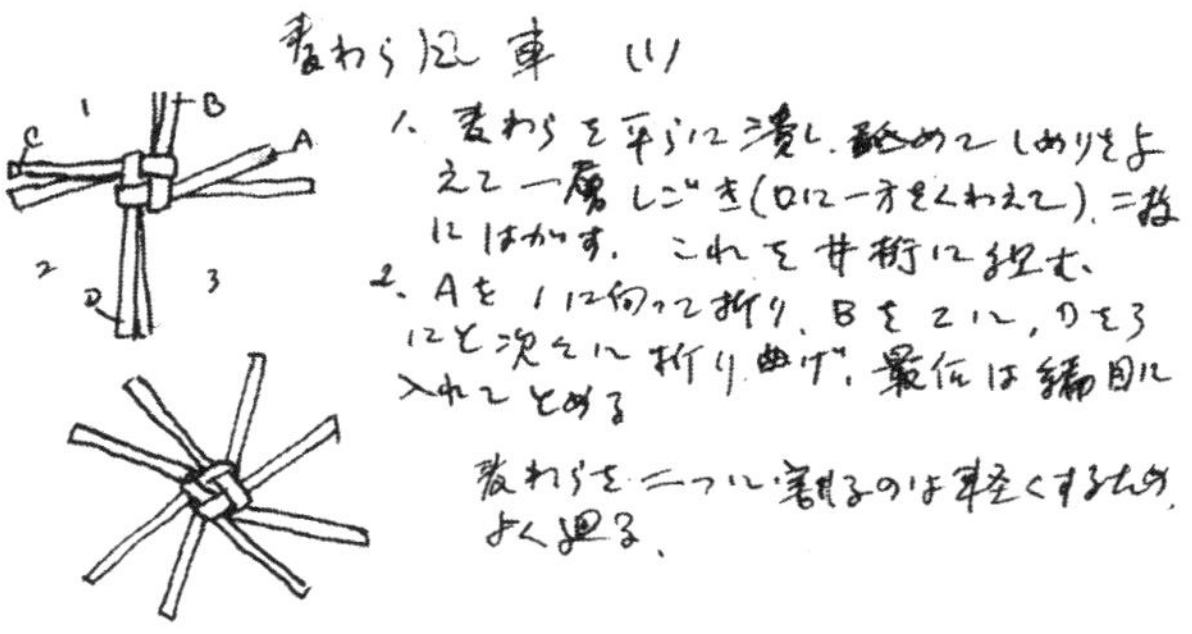
麦わら風車 (1)
1. 麦わらを平らに潰し、舐めてしめりを与えて一度しごき(口に一方をくわえて)、二枚にはがす。これを井桁に組む
2. Aを1に向って折り、Bを2に、Cを3にと次々に折り曲げ、最後は編目に入れてとめる
麦わらを二つに割るのは軽くするため、よく廻る。

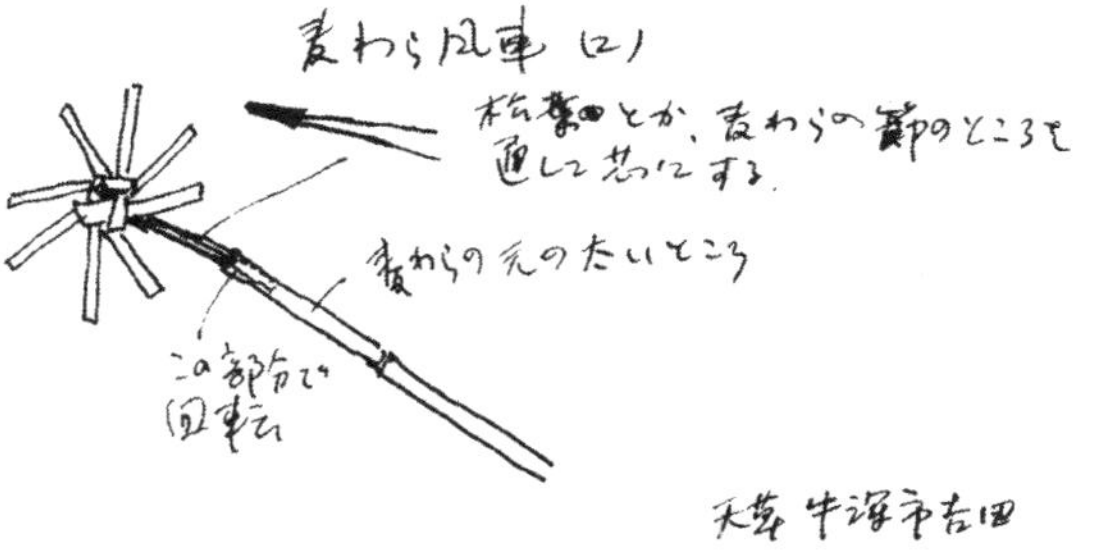
麦わら風車 (2)
桧葉とか、麦わらの節のところを通して芯にする。
麦わらの元のふといところ
この部分で回転
天草 牛深市吉田

教えてくれたおじいさんは、一方を口にくわえてこれをやった。二枚にするのは羽根を軽くするためで、この方がよく廻るそうだ。出来たのは井桁に組み、さらにもう一段編みを加えて、八本羽根とする。この後からの編み方は、ねじり籠にも準じ、複雑そうに見えるが、いたって容易だ。そして出来た形が惚れぼれするほど美しい。風車にするのはともかく、部屋の装飾にと思うのは私ばかりではないであろう。

あとがき

はじめに、年代の食い違いを正すことにしたい。

そもそもこれを書き出したのは、私の最初の本、平凡社刊『野にあそぶ』（昭和四九年）の後のごく早い時期であった。この本には載せないが、「バラのモエ」とか、「山りんご」とか、「百合」「お姫と坊主」「ムク」「ツクバネ」とか、短文のものながらまだ沢山ある。これから推して解るとおり、野にある食べ物の話を一冊にするつもりであった。

それが出版にめぐり合わず、とうとう昭和六〇年頃になって、またそれ以降のものを書き足した。つまり、五二〜三年代、六〇年代の分を書き連ねたことになる。日付は定かではないものの、最初に書いた時と同じくして、「はしがき」も書いていたらしい。

今読み返してみると、いやはや時代錯誤もはなはだしく思える。果して、苺以外は食べなくなった今の子が、ふたたび野山に出て食を漁り巡ることがあるのか。

しかし、それもなくはないと考えて、そのままの文章をとることにした。おかしいと思う人も、中身を見れば納得出来るかも知れない。

例によって無智の私に得心いかせる話をしてくれた方々、宿を与えて便宜を与えてくれた皆様に深い愛情とお礼を申し述べたい。

また、私の愛する林佳恵さんに表紙を飾っていただいたことに、深く礼を述べます。さらにまた、私の挿絵の不足分を姪の恵子が書いた。つまり「ツバナ」「オモダカ」「ハハコグサ」「オキナグサ」「ヒルガオ」「ハマナス」「アザミ」「ガマズミ」の八点です。

なお、最後の「麦わら細工」をはじめ、食堂にもとる食べられないものが何点かあります。ご了解を乞う。

平成二五年七月

斎藤　たま

斎藤 たま（さいとう・たま）

1936年、山形県東村山郡山辺町に生まれる。高校卒業後、東京の本屋で働く。1971年より民俗収集の旅に入る。現在、秩父市在住。
著書に『野にあそぶ』（平凡社）、『南島紀行』『あやとり、いととり』（共に福音館書店）、『生とものの け』『死とものの け』『行事とものの け』『ことばの旅』『秩父浦山ぐらし』（いずれも新宿書房）、『村山のことば』（東北出版企画）、『落し紙以前』『まよけの民俗誌』『箸の民俗誌』『賽銭の民俗誌』『わらの民俗誌』『便所の民俗誌』（いずれも論創社）ほか。

野山の食堂——子どもの採集生活

2013年8月10日　初版第1刷印刷
2013年8月20日　初版第1刷発行

著　者　斎藤　たま
発行者　森下　紀夫
発行所　論　創　社
東京都千代田区神田神保町2-23　北井ビル
tel. 03(3264)5254　fax. 03(3264)5232
http://www.ronso.co.jp/
振替口座 00160-1-155266

装　幀　林　佳恵
印刷・製本　中央精版印刷

ISBN978-4-8460-1253-3　C0039　Printed in Japan